U0249288

大数据时代的心理学研究及应用

朱廷劭　著

科学出版社

北京

内 容 简 介

近年来,大数据概念得到了包括心理学在内的各个领域的高度关注。本书以中国科学院心理研究所计算网络心理实验室(CCPL)的一系列研究成果为内容主线,系统介绍了网络心理学的基本概念、研究方法、研究工具及最新研究进展,旨在使读者能够全面地了解这门新型交叉学科的整体概况、清晰地理解大数据对心理科学的研究逻辑和研究方法所产生的深远影响、深刻地领悟利用网络大数据开展心理学研究的非凡科研价值与广阔应用前景,从而为推动后续相关研究课题的开展起到抛砖引玉的作用。

本书可供心理学、医学、教育学、计算机科学工作者和心理学爱好者阅读参考。

图书在版编目 (CIP) 数据

大数据时代的心理学研究及应用 / 朱廷劭著. —北京:科学出版社,2016.3
ISBN 978-7-03-047532-9

Ⅰ. ①大… Ⅱ. ①朱… Ⅲ. ①数据处理－应用－心理学－研究 Ⅳ. ①B84-39

中国版本图书馆 CIP 数据核字 (2016) 第 044348 号

责任编辑:阚 瑞 / 责任校对:桂伟利

责任印制:徐晓晨 / 封面设计:迷底书装

科 学 出 版 社 出版

北京东黄城根北街 16 号
邮政编码:100717
http://www.sciencep.com

北京中石油彩色印刷有限责任公司 印刷
科学出版社发行 各地新华书店经销

*

2016 年 3 月第 一 版 开本:720×1 000 1/16
2021 年 1 月第六次印刷 印张:9 1/4
字数:180 000

定价:99.00 元

(如有印装质量问题,我社负责调换)

序

130 年前，威廉·冯特将实验方法引入对人类意识的研究，科学心理学由此诞生。此后心理学的每次重要进步和重大发展，往往离不开对其他学科先进成果的运用与借鉴。无论是在严格控制的实验条件下操纵人的行为，还是在真实生活中无干扰地观察人的行为，有效地利用先进技术都有助于我们更好地理解人类的心理与行为规律。

观察记录人的真实行为，这是心理学研究中的一个重要传统，反映了支撑心理学发展的一种重要价值取向。今天，技术的进步和普及已经使得准确记录和定量分析人类真实行为完全具有了可行性：我们在社交网络上沟通想法，留下了我们的思想踪迹；我们在不同地点用手机签到，留下了我们的行动轨迹……当前这种种真实行为信息都能够以行为大数据的形式存在于由互联网技术构筑的电子空间中，如一座巨大的金矿等待人们来挖掘。

朱廷劭研究员和他的团队以敏锐的眼光和扎实的工作，不仅准确把握住信息技术进步与生活方式变革的潮流，而且有效融合了心理科学和信息科学的研究方法，在网络大数据的金矿上开展心理和行为科学研究，已逐渐显露出强大的生命力与应用前景，并始终保持与国外竞争者同步发展。虽然目前他们的探索性工作距离构建一套完整的理论与实践体系还有不小的距离，但及时总结梳理阶段性成果、付与同仁们交流批评，实为促进学科发展、提升研究水平之正道。

本书所呈现的研究技术对于传统心理学研究者而言也许会感到些许新鲜甚至陌生，但它所反映的研究思路，却又让人觉得似曾相识。那印在教课书上的、写在试卷上的、曾经引发心理学各派别之争的价值判断与思想轨迹，也许会在心理学与其他学科的新一轮交叉融合中焕发新的光彩，成为推动人类认识自我的新力量。

傅小兰
中国科学院心理研究所
2016 年 3 月

前　言

大数据的时代已悄然来临，在得到广泛商业应用的同时，在物理学、天文学、大气学、基因组学、生物学、社会学等众多学科领域也得到了广泛的应用。心理学作为一门研究心理现象及其规律的科学，主要通过研究心理现象的外显表达来间接推测心理现象的变化规律。科技发展为我们获取个体的外显表达提供了坚实的技术基础，能够实现对个体外显表达长时程生态化的记录，在外显行为大数据的基础上可以开展更多心理学研究。如何将大数据技术应用于心理学研究是我们面临的一个重大挑战。

本书作者团队从 2008 年开展相关的研究，从不同颗粒度的网络行为，实现对用户心理特征的识别，包括人格、心理健康等，并且从对个体的心理特征识别拓展到对群体的社会心态的分析，同时结合不同的实际应用场景开展应用推广的尝试。在此基础上，也开展移动可穿戴以及体感技术方面的研究，根据对用户行为的全方面记录实现对心理特征及时准确的预测。利用行为大数据实现对心理特征的预测是开展大数据与心理学结合的第一步，我们希望能够将大数据与心理学研究深度融合，真正将大数据应用于心理学研究。

本书内容是基于我们以往在大数据以及心理学方面的研究成果为主，通过课题成果介绍大数据技术在不同心理学研究领域的实例。本书是在课题组同学毕业论文的基础上形成的，在与他们相处的日子里，我们共同面对课题中遇到的难题，有过沮丧，有过喜悦！感谢宁悦、李琳、张帆、李一琳、聂栋、高锐、李昂、关增达、白朔天、郝碧波、管理、焦冬冬、高玉松和卢婷婷。感谢父母和家人对我的帮助和支持！

作　者
2015 年 12 月

目　　录

第 1 章 绪 论

大数据作为信息时代的一个新概念，得到了包括心理学在内的各领域的高度关注。本章首先介绍大数据的概念及特点，然后从心理学研究的视角探讨大数据在心理学研究中的应用，最后总结大数据对心理学的研究逻辑和研究方法产生的影响。

1.1 大数据的概念及特点

大数据（big data），又称海量数据，是指所涉及的数据规模庞大到无法通过人工方式在合理时间内达到截取、管理、处理并整理成人类所能解读的信息的目的[1]。李国杰和程学旗认为大数据是一种无法在一定时间内用常规机器和软硬件工具对其进行感知、获取、管理、处理和服务的数据集合[2]。大数据这一名称及其常用定义会使人误解数据规模是判断其是否属于大数据的唯一依据。事实上，数据的大小并非是大数据的唯一衡量标准。Laney 认为大数据具备数据体量巨大（volume）、数据类型繁多（variety）和数据处理速度快（velocity）的 3V 特征[1]。这意味着，只有当数据同时符合容量巨大、处理高速和类型丰富三个条件才能够称之为大数据。也正是因为同时兼具这三个方面的特性，大数据才被认为具备挑战系统性能的特性。

当前，大数据时代已悄然来临。大数据中包含着丰富多样的数据类型，并且不同的数据类型之间具有一定程度的关联性，这为挖掘数据中的隐含知识提供了可能。更重要的是，大数据充分展示了"整体大于部分之和"的优势，即在总数据规模相同的情况下，与依次分析独立的小型数据集（类似传统社会科学研究中的样本）相比，将各个小型数据集合并（类似于总体）后进行分析可以析取出更多的知识。大数据可以被用来挖掘总体规律性的知识，例如，判定消费者喜好、预测选举结果、监测实时交通路况以及监控疾病疫情（如谷歌公司利用大数据成功开发了预测流感传播趋势的在线应用）等。正是由于上述优点，大数据在物理学、天文学、大气学、基因组学、生物学、社会学等众多学科领域得到了广泛的应用[3]。

1.2 心理学的历史与概况

1.2.1 发展历史

目前，大数据的应用涵盖越来越多的学科领域，包括心理学。心理学是一门研究心理现象及其规律的科学。人类对心理现象的探究有着漫长的历史，其前身可以追溯到几千年前对灵魂活动的阐释。例如，两千年前，我国先秦诸子的著作中，就已经出现了对人类精神活动现象的思考，而古希腊哲学家亚里士多德的《论灵魂》则被认为是人类历史上最早关于心理现象的专著。这些早期的心理思想都带有不同程度的主观思辨或经验描述性质，尚不能称之为科学。19世纪中叶，德国心理学家威廉·冯特把实验法引进心理学，并于1879年在德国莱比锡大学创建了世界上第一个心理学实验室，由此开创了科学心理学的先河，正式确立了心理学的科学地位。因此，作为一门科学，心理学又是一门年轻的学科。

1.2.2 研究概况

心理现象是一种内部的主观精神现象，摸不着，看不见，没有体积、大小和重量，是一种内隐变量，需要借助外显指标予以表达。因此，心理学研究需要首先探讨心理现象的外显指标，在此基础上通过研究心理现象的外显表达来间接推测心理现象变化规律，研究心理世界的"黑盒子"，实现描述、解释、预测、干预心理现象的目的（见图1.1）。

1. 研究逻辑

心理学的研究逻辑与统计学中的假设检验思想有着密切的联系，即证伪而非证实。具体来说，心理学研究通常以提出假设为起点，一般包括备择假设（H_1）

与虚无假设（H_0），前者是与研究预期相符合的推测，而后者则是与之对立的推测。心理学研究并非力求直接证实备择假设，而是通过一定的研究方法来获取研究结果，根据研究结果来判断虚无假设是否可以被接受或拒绝，以此反推备择假设的可接受程度。如果虚无假设被接受则表明不能接受备择假设；如果虚无假设被拒绝则表明可以接受备择假设。

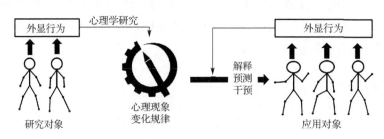

图 1.1 心理学的一般研究流程

2. 研究方法

为了获取真实可靠的研究结果来检验研究假设，需要采用科学的研究方法。心理学的研究方法包括以下几种主要类型。

（1）观察法

观察法是对心理现象进行系统观察的研究方法。对于一些无法直接操作或难以干预的变量，通常会使用观察法。由于心理变量本身是无法直接观察到的，因此，观察法的观察对象一般能够反映心理现象的外显行为。

（2）调查法

调查法主要包括问卷法和访谈法。其中，问卷法是心理学中应用最广泛的方法之一，它通过被试评价问卷项目的内容描述与自身实际情况的符合程度，以此判断其心理特征水平。访谈法是通过直接与被试进行交流互动来获取心理信息的方法，常作为编制问卷的前期准备或实验法的有效补充。

（3）测验法

测验法通过一套标准化的试题来测量所需研究的心理变量。与问卷法相比，测验法使用的工具更具标准化，对数据类型也有更加严格的要求，一般应为等距或等比变量[4]。测验法主要分为纸笔测验和操作测验两类，其中前者需要用文字回答问题，后者通过手动操作来完成，更适用于受到文化程度或文化背景制约的特殊情境。

（4）实验法

实验法是心理学中的重要研究方法。它可以用来探究变量之间的因果关系，主要分为实验室实验与自然实验两类，前者要求对实验条件进行严格控制，而后者则仅仅需要对自然情景进行必要的干预。实验法常常会结合问卷法实施。

（5）个案法

个案法仅对数量有限的案例进行深入研究，通常在一个问题的探索阶段使用。它适用于探索"为什么"或"怎样"的问题，可以详细描述研究对象的特征和解释产生某些现象的深层次原因。

3. 研究工具

在心理学研究中，占重要地位的研究工具是问卷（questionnaire）和量表（scale）。许多问卷和量表是自陈式的，即要求被试根据自身的情况回答问题。而在测量某些心理特征（如人格）时，除了会采用自陈量表外还会采用投射式和情景式量表。投射测验会向被试提供一些刺激情境（通常是图片、句子），让被试自由表达（如看图说故事、补充不完整的句子），根据其反应分析推断其心理特征。情景测验则把被试置于特定的情景中，观察其实际的行为反应并由此推断其心理特征。

除此之外，心理学研究中还有大量针对某一问题专门设计的实验工具，如研究操作性行为的斯金纳箱、研究深度知觉的视崖、研究认知地图的触棒迷津等。近二十年来，随着认知神经科学的兴起，EEG、ERPs、fMRI 等神经生理记录技术与设备也被大量运用在心理学研究中。

1.3　大数据在心理学中的应用

2014 年在美国开展的一项关于情绪传染的研究备受关注，该研究对近 70 万 Facebook 用户的动态信息做了设置，使一组用户接收到以反映积极情感为主的信息，另一组则接收到以反映消极情感为主的信息[5]。结果显示，用户的情绪会受到这些动态信息所包含的情感的影响，即主要接受积极情感信息的用户的情绪会变得更加积极，而主要接受消极情感信息的用户的情绪会变得更加消极。在传统的心理学研究中，收集处理近 70 万被试样本将耗费巨大的人力与时间资源，根本无法想象，而利用大数据却可以轻松地解决这个难题。大数据的兴起为心理学研究带来了极大的机遇，对心理学的研究逻辑、研究方法以及研究工具产生深远的影响。

1.3.1 改善了传统的心理学研究方法

1. 研究逻辑

在心理学研究中，假设检验的研究逻辑是先验的，是在得出具体研究结果之前就已经作出的推断。不同于心理学的传统研究逻辑，大数据是根据数据分析得出结论，其研究逻辑是后验的。福尔摩斯曾经说过"It is a capital mistake to theorise before one has data"（先于数据的理论是推理的首要错误）。这种思想被许多学科（例如，法医学、刑侦学）奉为研究原则，研究不应使事实符合理论（即不应该先得出理论再去寻找支持理论的证据的研究过程），而应让理论符合事实（即应该先得出事实再从事实中总结出理论）。传统的心理学研究之所以会采用先验逻辑，归根结底是对传统研究方法在数据采集、处理等方面所存在的局限性的妥协。大数据为心理学研究能够采纳后验逻辑提供了一种可能性，进而完善了心理学研究的科学性，同时也符合从实践到理论再到实践的科学研究思路。

根据假设检验的研究逻辑，拒绝虚无假设只代表排除了一个不正确的推断，而由于采样带来的样本集的不同，对于证实备择假设还有一定的距离，仍然需要进一步的检验。大数据则不会受到类似的困扰，这是因为大数据的数据量更接近真实的总体规模，不再局限于采样规模，因此可以通过直接分析大数据来归纳出结论，即数据驱动，而无需从样本上推论总体情况，这大大提高了最终获取正确推断的效率与可能性。

2. 研究方法

大数据不仅为改进心理学的研究逻辑带来了新契机，对心理学的研究方法也将产生深刻的影响。

（1）代表性

传统的心理学研究方法没有能力直接对总体进行研究，这导致需要采取迁回的方式研究样本，样本规模通常都十分有限，因此传统研究多采用抽样的方式从总体中抽取样本，再把样本的研究结果推广到总体上，这就使研究结论的有效性不可避免地受到样本代表性的影响。大数据研究可以不再通过样本间接推论总体的情况，而是能够做到直接对接近总体的全部数据进行分析处理，从根本上消除了样本代表性的问题。

（2）生态性

传统心理学研究的一个重要缺陷在于对实验条件的过分控制可能会营造出一个不同于真实生活的行为情境，从而对被试的行为产生干扰。大数据方法可以在不直接接触被试的前提下收集他们在日常生活中的真实行为数据，从而避免非自然的实验场景对数据质量的负面影响，使得收集到的数据具有更好的生态效度。

（3）高效性

基于传统研究方法的数据收集、分析过程通常会比较缓慢，结果反馈的时间滞后性严重且需要耗费大量的人力、物力。大数据技术具备对海量数据的高效存取能力，并能够通过对既存的、原始的数据记录进行高速处理，提取出有效特征，使心理学研究在数据处理的规模与效率方面实现质的飞跃。

（4）瞬时性

人类的心理活动会随时间流逝不断变化，而传统研究方法所收集的数据信息或是带有回溯性质，容易受到遗忘等因素的干扰而产生误差；或是仅通过截取、分析单个或有限几个时间节点，就得出了推广到整个时空的研究结论。如果能够采集到瞬时性信息并对此加以及时分析，那么对心理活动的研究将会更加准确。利用大数据信息采集与处理技术，可以实现对个体和群体外显行为数据的瞬时采集、分析，从而弥补传统研究方法的不足。

3. 研究工具

伴随着大数据概念的提出与信息技术的发展，研究工具也随之得到了较大的改善，从而使得我们可以全时程地跟踪、记录个体的海量行为数据。无论是在现实社会还是虚拟社会中，我们都可以借此获取全时程的、无缝衔接的、多维度的电子数据记录。

（1）可穿戴设备

可穿戴设备泛指内嵌在服装中，或以饰品、随身佩带物品形态存在的电子设备。它们以传感器作为收集数据的源装置，不仅可以采集使用者的行为、生理与生化指标（如步态、心率、血氧饱和度等），还具有全面的环境感知能力（通过 GPS、摄像头、麦克风等）。由于体积小巧并且与使用者实时接触，能够较为完整地记录个体的外部表现，为开展心理学研究提供丰富而全面的数据来源。

（2）智能移动终端

智能移动终端是指具备开放的操作系统平台、个人电脑级别的处理能力、高速接入能力和丰富的人机交互界面的移动终端，包括智能手机和平板电脑，其中又以智能手机的使用最为普遍。智能手机和平板电脑，不仅为人们的生活提供了极大便利，而且能够记录用户使用过程中的行为数据（如 APP 使用日志，短信，电话录音等），其内嵌的多种传感器也可记录用户在使用中的环境数据（如重力加速度等），这些都为我们开展心理学研究提供了更具生态效度的详实数据。

（3）网络行为记录

网络是网络与网络之间所串连成的逻辑上的单一巨大国际网络，是一个能够相互交流沟通、相互参与的互动平台。不管人们承认与否、喜欢与否，网络上的所有一切内容和使用行为都在被跟踪和记录。这一方面固然会带来对隐私的担忧，但是从研究的角度考虑，这种无时不在的跟踪记录能够为心理学研究提供最真实、最全面的行为数据源。

（4）社会活动行为记录

当今技术的发展可以详实地记录个体社会活动的行为轨迹。人们外出活动的行程，包括交通工具使用以及旅馆入住信息等都在相应的系统中留下记录，而散布各地的监控探头更能够记录人们在现实社会中的行动轨迹，例如，英国的 CCTV（closed circuit television）系统就实现了全国范围内的视频监控。

（5）大数据存储管理和云计算（cloud computing）

大数据对存储介质容量和数据检索速度都提出了更高的要求，传统的数据库难以胜任这一角色。为应对这一问题，新型的大数据存储技术被不断提出，其中 NoSQL 数据库逐渐脱颖而出，承担起高效存取大数据的任务。云计算是利用分布式部署的计算机集群，将计算任务分布在由大量计算机构成的资源池上，使用户能够按需获取计算力、存储空间和信息服务，赋予用户前所未有的计算能力，适应大数据计算分析的需要。

（6）数据挖掘（data mining）

数据挖掘又称数据库中的知识发现，是从大量的数据中挖掘有趣模式和知识的过程，包括多模态数据分析和融合、数据清理、特征提取和选取、数据建模、模式评估以及知识应用等步骤，其中的核心环节数据建模是利用统计分析以及机器学习等方法对数据进行分析建模。数据挖掘经过多年的发展，目前主要的挖掘建模算法比较成熟，并且在不同领域得到了很好的应用。

1.3.2　催生出全新的心理学研究领域

大数据不仅改善了传统的心理学研究方法，而且也催生出一些全新的心理学研究领域。结合近期国内外相关研究的进展情况，我们提出如下的可能研究创新方向。

1. 网络大数据环境下的心理过程与机制

（1）网络使用与心理因素的关系

目前网络逐渐深入人们的日常生活，各种各样的网络应用与服务使得人们的生活更便捷，同时每天数十亿用户在网络上留下的痕迹会产生海量数据，将这些数据记录保存下来可以用于探究用户在网络使用中的相关心理因素，如个体的网络行为习惯、这些习惯与心理特征之间的关系等。

（2）网络使用对认知能力的影响

随着大数据概念的提出，人们在日常生活中可以接触到的知识量与日俱增，但对这些知识的理解可能只是浮于表面，未能深入。大数据时代的信息碎片化一方面扩展了用户接收信息的范围，另一方面却又分散了用户的注意力、消耗了用户的认知资源。研究大数据时代信息碎片化给人们带来的影响，有助于科学认识网络对人类认知的影响，从而在信息加工和利用过程中扬长避短。

（3）网络使用对社交行为的影响

社交网络指一类可以提供社交用途的网站，其注册用户数量通常可以达到百万量级，如此海量的用户在网络平台上进行互动从根本上改变了传统的交流方式。通过分析用户在使用社交网络时产生的大数据，可以解读这一全新的社交组织方式对人类心理与行为的深刻影响。例如，社交网络是提供了社会支持还是带来了孤独感、情绪如何在社交网络进行传播和传染等。

（4）虚拟社会与现实社会的关系

虚拟世界之所以能够称之为虚拟社会，是因为在虚拟网络环境中，个体的表现以及人与人之间的关系是人类现实社会的映射。个体在现实社会与虚拟社会中的行为，呈现出复杂的相互作用。个体在现实社会与虚拟社会的一致性与相关性，构成了目前我们对虚拟社会绝大部分认识的前提。然而，人们在虚拟社会中的行为表现可能受到自身有意识和无意识操纵的影响，因此开展虚拟社会与现实社会的一致性研究，探究两者之间相互作用的机制，对于充分认识虚拟世界、拓展相关心理学理论、防范相关风险都具有重要的意义。

2. 个体/群体多模态大数据分析处理

（1）多模态数据整理

行为是受心理因素支配所表现出的外在活动，是人类心理现象的外在体现。现代信息技术使我们能够事无巨细地对个体和群体的行为做跟踪记录，但是这些原始数据无法直接用来进行心理学意义上的分析处理，需要首先对这些原始数据进行整理、清洗等预处理。尤其是当前各种数据采集工具已经能够帮助我们获得多模态的用户数据时（包括生理、生化、行为数据等），如何对这些多模态大数据进行有效整理，是有效利用大数据的关键。

（2）特征设计和提取

在对大数据整理和清洗之后，需要从数据中提取出有意义的特征。如何进行有效的特征设计和提取极具挑战性。传统研究多采用启发式方法，依赖研究人员的专家知识与创造性工作。计算机科学与信息技术的发展可能有助于解决这一问题。例如，目前出现的深度学习（deep learning）方法可以帮助我们实现在大数据之上进行特征学习，找到纷繁复杂的行为表现背后的最基础的特征表达；此外，在充分利用心理学既有研究成果的基础上，建立一个能够完备描述外部表现的特征指标体系也是实现有效特征提取的关键之一。我们针对新浪微博数据建立的网络行为特征体系[6]，作为微博用户行为特征提取的指导方案框架，取得了较好的效果。

（3）文本处理与分析

网络用户会通过发表网络文本的方式来表达其自身的观点、想法与情绪等心理特征，因此对网络文本内容进行心理语义分析具有重要意义。利用自然语言处理技术，结合心理学研究成果，可以建立起心理语义分析词典。基于心理语义分析词典，我们可以高效地分析用户的网络文本大数据，探究其心理特征。我们在 LIWC（Linguistic Inquiryand Word Count）的基础上，成功开发了“文心”（Textmind）（http://ccpl.psych. ac.cn/textmind/）中文心理语义分析系统，为相关研究提供了中文网络文本心理语义分析的有力工具。

3. 基于大数据分析的心理计算建模

传统的心理测评手段主要依赖用户的自我报告，其时效性与生态性不佳。目前，国内外已经陆续开展了相关研究，试图利用数据挖掘技术，建立基于用户的网络使用外部表现的心理预测模型。依靠大数据技术的优势对大量网络用户的数据进行分析挖掘、得出心理特征模型，正是此类研究的共同之处。图1.2呈现出了构建心理特征预测模型的一般步骤。借助超级计算资源，利用心理预测模型可以最终实现针对大规模用户心理特征的实时计算分析。

图 1.2　模型建立流程

基于大数据进行人格预测的研究思路是利用网络用户的网络使用客观行为数据，通过机器学习的方法建立基于网络使用行为的人格特征预测模型。例如，在对新浪微博用户的人格预测系列研究中，白朔天等使用多任务回归和增量回归的方法，通过分析微博数据预测大五人格，结果显示不同人格维度与微博行为之间的相关显著[7]。李琳等利用 SVM（support vector machine）和 Pace 回归（PaceRegression）两种算法建立人格特征预测模型[6]。在 SVM 模型中，用微博行为对不同人格维度的高分和低分组被试进行分类，准确度可以达到 84%～92%；在 Pace 回归模型中，模型预测结果与自陈测验结果之间的相关系数达到0.48～0.54。上述研究表明基于微博行为建立的人格特征预测模型具有良好的预测效果。

在抑郁预测的研究中，胡泉等使用机器学习方法对网络行为进行建模，模型与传统量表的得分相关在 0.25～0.39，抑郁模型的预测效果达到显著水平[8]。研究人员根据新浪微博用户的文本，利用 topic model 的方法把用户的文本转化为文档-主题矩阵，从而以无监督方法对用户的文本进行特征提取，提取出的特征可以用一般的监督学习方法建立预测模型，从而预测具有高自杀可能性的人群[9]。我们在对网络用户的研究中，训练出的机器学习模型能够预测个体的主观幸福感（subject well-being，SWB），与 SWB 的问卷的皮尔逊相关最高可达 0.598[10]，同时针对手机用户 SWB 预测模型，其精确度最高达到 62%[11]。

上述研究涉及的建模方法包括主动学习、半监督学习、迁移学习和多任务学习。使用主动学习是为了获得更有效的实验被试，减少抽样造成的偏差；使用半监督学习是为了充分利用无标注数据并从中获得知识，克服心理标注数据量的不足；使用迁移学习是为了提高模型的预测效果，克服测试集与训练集之间的不一致；使用多任务学习是为了提高对多个相关变量同时研究的效率，避免分别研究各个变量时丢失变量间相互关系的重要信息。结果表明利用大数据对心理特征进行预测是可行有效的。

4. 虚拟社会中的心理学知识体系构建

目前的心理学知识体系都是通过对现实社会中的个体心理现象分析构建起来的。随着网络的逐渐普及，网络虚拟社会与现实社会相互影响、相互融合，但是它们之间仍然存在明显的不同。例如，有研究者发现用户的网络人格与现实人格之间存在着一定程度的差异[12]。如果我们将现实社会和虚拟社会看做是两种不同的环境体系，那么构建不同环境体系下的心理学知识体系，将有助于我们更好地理解、预测和控制不同环境体系中的个体与群体行为。大数据的出现，为我们分析个体在虚拟社会中的行为表现提供了技术支持，使全面分析虚拟社会中的心理现象成为可能。因此，通过大数据研究方法，发现并构建出真正适用于虚拟社会的心理学知识体系将是一个可行而有意义的研究方向。

5. 大数据时代的心理学应用创新

（1）用户体验改善

用户体验是用户在使用一个产品或服务过程中建立起来的主观心理感受，对用户体验的理解和把握有利于产品的设计和改进。普通用户在产品使用过程中会产生大量的行为数据，利用大数据方法对使用行为进行深入分析，将大大提高研究者和设计者对用户主观感受的洞察能力，并据此开发满足用户主观需求的设计。

（2）社会态势预警

随着对个体行为数据记录的普遍化与集成化，通过大数据分析，能够实现对反映公众态度与情绪等影响因素进行监控，预测社会事件发展过程中的社会态势变化，从而实现群体性事件的有效预警。

（3）在线心理干预

在线心理干预是指在网络平台上将心理干预的方法与流程予以展现，用户可以根据网络程序的提示自我引导地完成整个心理干预过程。在线心理干预方法不需要专业服务人员（如心理咨询师）的指导与介入，缓解了专业心理服务资源不足的问题；同时，利用大数据技术将心理干预的信息获取、干预实施、反馈收集等流程自动化、规模化，也提升了心理干预服务的效率与覆盖率。

1.4　大数据与心理学的结合原则

大数据的出现是社会进步与技术发展的必然产物，心理学作为以人类心理现象的外部表现数据为分析对象的学科，理应抓住这样的机遇。一方面，对于当前心理学研究的多个层面，大数据技术都能直接起到提高效率、增强效度的作用；另一方面，如果我们从心理学研究的目标着手，充分利用现代信息技术，将大数据同心理学问题和心理学研究范式有机结合，则有望开拓心理学研究的领域和思路，促进心理科学体系的进一步发展。为了实现大数据与心理学研究的有机结合，我们建议通过学科交叉，利用数据驱动，以目标为导向，逐渐实现两者的深度融合。

1.4.1　学科交叉

心理学作为一门古老又年轻的学科，有着深厚的积累和顺应时代发展的需求，因此，需要借鉴当代科学技术的发展而不断创新。所有科技发展的终极目标是为人类服务，所以作为以人为本的心理学，理应在科技飞速发展的今天起到引领作用。心理学科目前面临着一个跃进的时期，借助现代科学技术，进行学科交叉融合，发展"大心理学"势在必行。这一方面需要我们关注目前的科技进展，积极开展交叉学科研究；另一方面，在心理学教育方面，开展相关学科的普及教育，为心理学专业人士拓展视野，为此后的交叉学科研究打下基础。

1.4.2 数据驱动

现代信息技术的发展，已经使得我们有可能对个体和群体多方面的信息进行全时全程的跟踪记录，并且能够实现几乎相当于研究对象总体的数据采集和处理。不同于以往假设检验、推断统计的研究范式，今天我们有可能通过对大数据的处理，从数据中发现潜在知识，直接进行归纳总结。这一方面将能大大提高许多研究的效率，另一方面可在验证阶段实现对新发现知识的快速修正。充分利用大数据覆盖全面、处理高效的优势，以数据驱动将归纳法的边界由样本推向总体，必将为心理学研究注入全新的动力。

1.4.3 目标导向

心理学的最终目标是实现对人类行为的预测和控制。而经过多年的发展，心理学也已积累了大量用于行为预测、干预和控制的研究成果。立足于既有的心理学研究成果，提出具有重大意义的行动目标，从而统领各相关学科，进行集体攻关，通过心理学大科学工程，能够极大地推动心理学自身以及相关学科的发展。心理学考察和分析的对象是人的外部表现，而最终目标也落实在预测和控制人的外部表现，从这个意义上说，心理特征可看做一个中介变量。如果我们以预测与控制人类行为的最终目标为导向，不过度追求可解释性，则有望采用大数据方法直接通过对外部表现的计算分析，实现对外部表现的预测和控制。对于实现心理学研究的终极目标，这一全新路径也许会起到更加直接有效的作用。

心理学的持续发展，不仅需要横向拓展更多研究领域，而且需要纵向挖掘更深层的关系。得益于大数据的理论、技术和资源，未来心理学的研究必将越来越稳固地建立在对客观数据的全面准确分析之上，并在研究效率和效果上实现新的飞跃。无论技术如何进步，心理学的科学问题和理论体系应该始终成为心理学研究的核心与指导。作为心理学研究者，如果能够牢牢把握心理学理论与问题的核心，并在信息技术飞速发展的时代迎头而上，积极地将大数据应用于心理学研究中，那么就必将为心理学的学科发展和价值产出做出新的巨大贡献。

参 考 文 献

[1] Mark A B, Douglas L. 2012. The Importance of 'Big Data': A Definition. https://www.garter.com/doc/2057415/importance-big-data-definition.

[2] 李国杰, 程学旗. 大数据研究: 未来科技及经济社会发展的重大战略领域——大数据的研究现状与科学思考. 中国科学院院刊, 2012, 27(6): 647-657.

[3] Cambria E, Rajagopal D, Olsher D, et al. Big social data analysis. Big Data Computing, 2013: 401-414.

[4] 董奇. 心理与教育研究方法（修订版）. 北京: 北京师范大学出版社, 2006.

[5] Kramer A D I, Guillory J E, Hancock J T. Experimental evidence of massive-scale emotional contagion through social networks. Proceedings of the National Academy of Sciences, 2014, 111(24): 8788-8790.

[6] Li L, Li A, Hao B, et al. Predicting active users' personality based on micro-blogging behaviors. PLoS ONE, 2014, 9(1): e84997.

[7] Bai S, Hao B, Li A, et al. Predicting big five personality traits of microblog users. 2013 IEEE/WIC/ACM International Joint Conferences on Web Intelligence (WI) and Intelligent Agent Technologies (IAT), 2013, 1: 501-508.

[8] Hu Q, Li A, Heng F, et al. Predicting depression of social media user on different observation windows. IEEE/WIC/ACM International Conference on Web Intelligence (WI) and Intelligent Agent Technology(IAT), 2015.

[9] Zhang L, Huang X, Liu T, et al. Using linguistic features to estimate suicide probability of chinese microblog users//Zu Q, Hu B, Gu N, et al. Human Centered Computing. Berlin: Springer, 2014: 549-559.

[10] Hao B, Li L, Gao R, et al. Sensing subjective well-being from social media//Ślęzak D, Schaefer G, Vuong S T, et al. Active Media Technology. Berlin: Springer, 2014: 324-335.

[11] Gao Y, Li H, Zhu T. Predicting subjective well-being by smartphone usage behaviors. Proceedings of the International Conference on Health Informatics, 2014: 317-322.

[12] 王莹, 朱廷劭. 微博人格结构的词汇学研究. 第十七届全国心理学学术会议论文摘要集, 2014: 2.

第 2 章　大数据时代的计算网络心理

随着社会形态的不断演变、进化，当下我们正在经历着网络化逻辑的扩散，一个"网络社会崛起"的时代正悄然来临。正像美国著名社会学家 Manuel Castells 在其同名专著中所提到的那样，在网络化社会中网络构成了我们社会的新形态，网络化逻辑的扩散实质性地改变了生产、经验、权利和文化过程中的操作和结果。无论是从影响的深度还是广度来讲，网络对现代人的影响都无疑是巨大、深刻而又具有长期性的。鉴于网络使用对现代人的深刻影响，因此对网络的使用进行相关研究也就具有很高的价值性与必要性。但是，对网络的研究绝不应仅仅局限于它的技术或经济方面，同时也应该注意到它的心理学研究价值，即围绕着网络心理学这一全新课题开展研究。

2.1　网络心理学的研究范畴

由于人的心理状态除了受自身特征的影响之外，还受到周围环境的影响，所以既往研究试图在旧的现实社会环境下总结出的心理学理论直接运用到新的互联网络环境下的构想并不十分合理，更何况在新环境下所面临的一些问题有时甚至是在旧环境中从未出现过的（例如，网络成瘾行为）。因此，比较可行的办法就是对全新网络环境下的心理特征进行重新了解和深入准确地把握，这正是网络心理学（cyberpsychology）所要解决的课题。

网络心理学是一门关于人、计算机以及两者之间互动方式的心理科学。这个定义既充分肯定了互联网络作为一种全新环境背景所具有的特殊性地位，同时也肯定了针对网络环境下人的心理变量进行研究的必要性。也就是说如何在全新的网络环境下重新积累并修正心理学既有理论知识是十分必要的。

第一，网络作为一种环境必然会对使用者的心理状态产生影响。因为人的心理状态除了受到自身特征的影响之外，还要受到周围环境的影响，所以环境的改变必然会在心理状态上留下特有的印迹。例如，有研究表明，网络应用不仅会对人们的情绪情感发展产生影响[1-2]，也会对自我评价、自我控制和人格倾向性等方面发生作用[3-4]。除此之外，网络的使用也导致专属于网络时代所特有的心理问题的出现，如网络成瘾（internet addiction disorder）[5-6]。这种影响关系的存在，是网络心理学研究有必要开展并持续进行下去的前提基础。

第二，网络作为一种全新的环境背景，对心理状态的影响可能会具有一定的特殊性与新颖性。虽然自从 1879 年科学心理学在德国诞生以来，在 100 多年的发展历程中，心理学家总结了大量关于周围环境与人类心理活动之间互动关系的研究成果，但是网络环境具有不同于以往传统环境的特殊性与复杂性，这无疑使针对传统心理学研究成果进行必要的拓展与再验证工作变得十分必要。例如，根据心理学家 Wallace 的观点，网络环境可以分为七种类型，即全球信息网（万维网）、电子邮件（e-mail）、非同步论坛（asynchronous discussion forum）、MUD（multi-user dungeons）、Metaworld 以及互动影音（interactive video and voice），这七种环境都具备自己独特的特征，对网络使用者的行为影响也各不相同[7]，这种新型环境的层次多样性与复杂性是传统心理学聚焦的环境研究背景所无法比拟的；此外网络环境还具备匿名性、无领导控制性、无地域性等诸多特性，其特殊性也超越了既往的研究对象。因此如何在全新的网络环境下重新积累并修正心理学知识成为研究者所面临的新问题。

第三，由于网络使用者不良的心理状态所导致的网络行为问题时有发生，已经威胁到了互联网络的健康使用与网民的切身利益，乃至现实社会的和谐稳定。以青少年为例，当今常见的网络犯罪行为就有网上诈骗、网上谣言、制作和传播网上病毒、侵犯他人隐私、网络色情及网络暴力等六个种类，而这一系列网络犯罪行为的出现都可以找到相对应的心理原因，例如，情绪失控、自我暴露心理、反社会心理等[8]。因此，如何通过分析网络使用行为及早地鉴别并掌握网络用户的人格与心理健康状态，进而加以必要的引导、干预与监管就显得尤其重要。

既然网络环境的出现必然会对人们的心理产生影响，而且这种影响可能具有不同于以往研究成果的新特点，再加上网络使用者的心理状态又会制约着网络使用行为的安全性与健康性，因此对网络环境下的用户使用行为进行分析研究，试图找到与用户人格、心理健康状态之间的对应模式规律，以期待最终能够达到引导、改善网络环境下用户的人格倾向性与心理健康状态的研究想法兼具理论意义与社会实践价值。

在目前网络心理学的相关研究中，无论是采取网上还是网下的心理测试方式，研究者都只是将传统的测量工具不加改进地直接移植，所涉及的更新内容往往只是施测环境与测试呈现方式，却并不是测量工具本身。而传统的心理测试工具如果直接应用于网络心理学研究则可能会带来信、效度的问题，从而使研究结论产生偏颇。传统的自陈量表测试工具的定量化程度普遍不高，并且由于要借助被试的意识进行主观性回答，因此施测环境以及被试作答心理状态（是否具有社会赞许性或掩饰性心理状态等）都可能会使最终的测量结果产生不同程度的偏差。因此，能够找到一种比自陈量表测量工具更为客观准确的研究范式，使得其既适应网络环境又较少会受到被试主观意识状态干扰，就显得尤其重要，它直接影响到最终研究结论的准确性与可靠性。

网络心理学将互联网作为一种信息传递的技术手段，把现实世界中既存的理论与解决方案进行直接传递与套用。事实上，网络已经构建出了一种独特的网络环境，具有与既往传统心理学研究环境完全不同的复杂性与特殊性。因此，需要研究者对网络环境下的心理与行为规律进行重新认识和准确把握。计算网络心理学是利用计算机中的数据采集、机器学习等技术进行网络心理学研究。

2.2　计算网络心理学的提出

为了弥补既往研究定量化程度的不足，我们提出利用网络行为分析作为新的研究手段来对网络环境下用户的心理特征进行考察，即计算网络心理学（computational cyberpsychology）。计算网络心理学的提出具有坚实的理论与技术基础，并拥有广阔的研究与应用前景。

第一，是因为在网络环境下开展对行为数据的分析、观察具有独特的优势。由于网络使用的匿名性，人的主体性会大大增强，从而使得社会组织对网络媒体的约束力不断减弱。这种使外界约束消失或减弱的虚拟网络环境，无疑从实际上放大并纯化了一些不易在日常生活中被观察到或经常可能被个体刻意回避、压抑掉的心理行为现象或模式。因此，在网络环境下，我们可能会观察并收集到比既往现实环境研究更真实、更全面、误差更小的数据，从而有利于更加精确地掌握个体的心理及行为规律。

第二，不同行为模式与相应的人格类型之间存在着对应关系。根据著名的人格特质流派心理学家 Raymond 的理论，人格是一个多层次有机结构的整体，具体的行为表现会受到深层人格结构的制约，也就意味着不同类型的人格会对应不同种类的行为模式。

　　第三，不同的行为模式与心理健康状态之间存在对应关系。美国精神卫生诊断分类统计手册（DSM-IV）界定心理障碍的一个标准就是根据对个体行为的评估做出某人存在心理障碍或者异常的判断，这意味着凭借对个体行为模式的有效分析，完全可以正确地做出关于该个体心理健康状态方面的判断。

　　既然不同的行为模式与个体的心理特征之间存在着一定的对应规律，而网络行为作为现代社会的一种特有的行为模式，因此有理由相信，在网络行为模式与个体的心理特征之间也会存在着类似的对应关系或规律，从而使得通过分析网络使用行为辨识出用户的人格及心理健康状态并最终解决网络环境下问题的研究理念完全具备可行性。

　　目前行为分析与捕捉技术的成熟为实现全新的研究理念提供了坚实的技术支持，即在技术上我们完全可以实现对任何网络行为的记录，这在客观上为网络行为研究提供了技术基础，使得我们能够对网络环境下的网络行为及相应的心理特征进行更深入的研究。

　　网络用户行为是网络社会现象和网络社会过程的基础之一,也是网络社会与现实社会联系的纽带。研究人们在网络空间的行为模式，对了解和把握互联网对人类的现实社会行为、价值观念和思维方式等的影响，有着重要的理论意义和现实价值。通过研究网络行为，了解网络行为的模式与特征，有助于把握网络社会的基本趋向。网络行为引发的网络用户之间的社会互动，构成了基本的网络社会关系，并在此基础上构成了网络群体、网络社区乃至整个网络社会，所以，研究网络用户行为是研究网络社会的重要手段。

　　如何建立用户网络行为大数据和用户心理特征之间的关系，是大数据时代心理学研究的一个前沿课题。网络社会的主体是人（网络用户），通过发现网络用户行为及其意图（心理）之间的规律性，深入了解用户的心理和人格，获取准确的用户信息需求（动机意图），才能改进网络的基础架构，提高预测、引导和管理人们网络行为的能力，高效利用网络信息资源，实现和谐网络社会。

2.3　开展心理学研究的理论依据

　　在网络空间中，人机交互（human-computer interaction, HCI）是一种基本的互动关系形式。以计算机作为媒介，人机之间可以实现跨越时间与空间界限的远距离互动，这使得置身网络环境下的个体在进行社会互动时需要直接面对的互动对象将不再是纯粹生物学意义上的人类,而是用来传递或呈现数字化信息的网络终端设备(如计算机)。人机交互关系的一个基本理念就是认为人类的属性与计算机的运行模式、特性及规格之间应该存在着某种匹配关系[9]。

根据 Brunswik 的透镜模型(lens model)[10],在私人空间环境中蕴含着能够表征主体自身心理特征的线索(例如,房间陈设的布置风格与个人物品的摆放方式)。而借助行为痕迹(behavioral residue)的呈现形式,这些能够表征主体自身心理特征的线索得以见诸于日常生活的各种场景与情境之中(例如,网络空间)[11-12]。这意味着网络用户在网络空间中的行为痕迹可能会反映出其自身的心理特征。因此,大量研究开始探讨网络用户的网络行为与其自身心理特征之间的关系模式,旨在为实现人类与计算机之间的最佳匹配与良性互动提供充分的依据与支持。

2.4　网络行为与心理特征

在心理学领域中,心理特征可以被大致划分为以人格特质为代表的特质型(trait)心理变量与以心理健康状态为代表的状态型(state)心理变量。与心理健康状态相比,人格特质具有相对的时间稳定性的特点,这意味着利用粗粒度的网络行为的静态特征就有可能会在一定程度上反映出网络用户的人格特质。因此针对网络行为与人格特质之间关系的探讨比较多,另外也有相关研究集中探讨了网络行为与心理健康的关系。

2.4.1　网络行为与人格的相关性

人格(personality)指的是个体自身所具备的稳定的行为及心理加工模式[13]。人格理论科学地解释了人与人之间存在个性化差异的心理学原因。因此,与人格相关的研究一直是心理学领域的重要课题[14]。在人机交互关系模式下开展人格心理学研究最早可以回溯到 1971 年 Weinberg 提出的"关于个体的人格特征可以预测计算机操作任务的完成绩效"的研究设想,但是,大量的相关研究并没有得出支持上述研究设想的结论,这些研究所涉及的计算机操作任务包括编程、在线搜索、文本编辑等[9]。随后,相关研究开始探讨网络用户的网络行为与其人格特征之间的关系，借此来澄清网络行为是否能够反映出网络用户心理特征的问题。

大量的研究证据表明，网络行为与人格特征之间存在着密切的联系，这意味着网络用户的心理特征是影响网络行为的关键性因素[15-16]。具体来说，Amichai-Hamburger 和 Ben-Artzi 首次从实证研究的角度证明了人格特征与网络行为之间存在着相关关系[17]，研究发现对男性网络用户来说，高外向性水平的个体更偏好于使用休闲类用途的网络服务（例如，无目的网络漫游、浏览色情网站），低神经质水平的个体更偏好于使用信息类用途的网络服务（例如，学习相关信息内容搜索、工作相关信息内容搜索）；而对女性网络用户来说，低外向性水平与高神经质水平的个体更偏好于使用社交类用途的网络服务（例如，在线聊天、网络讨论组、人物/地址搜索）。Jackson 等研究发现，具有高外向性人格倾向的网络用户偏好于发送较多数量的电子邮件[18]。Amichai-Hamburger 等研究发现，具有高水平闭合性需求（need of closure）倾向的网络用户会偏好于浏览包含较少量的超链接的网页[19]。Anolli 等研究发现，外向性人格倾向与在线聊天偏好、网络使用水平呈现负相关关系[20]。Lu 等研究发现，具有高感觉寻求性人格倾向的网络用户会比具有低感觉寻求性人格倾向的网络用户更倾向于在网络平台上搜索关于性传播疾病（sexually transmitted diseases, STDs）、人类免疫缺陷病毒（human immunodeficiency virus, HIV）、获得性免疫缺陷综合征（AIDS）等方面内容的信息；而冲动性决策者则会比理性决策者更少地在网络平台上搜索关于性传播疾病、人类免疫缺陷病毒、获得性免疫缺陷综合征等方面内容的信息[21]。Marcus 等研究发现，网络用户主观报告的建立个人网站的动机倾向与外向性人格倾向呈现负相关关系，而其与开放性人格倾向呈现正相关关系[22]。Nowson 和 Oberlander 研究发现，借助博客的文本内容可以实现针对网络用户人格的分类[23]。Amichai-Hamburger 等研究发现，偏好使用维基百科（wikipedia）与外向性人格倾向、尽责性人格倾向、宜人性人格倾向、开放性人格倾向等均呈现负相关关系[24]。Hertel 等研究发现，除了偏好于发送更多数量的电子邮件外，具有外向性人格倾向的网络用户还偏好于使用高丰富水平的沟通媒介（例如，面对面互动），而具有神经质人格倾向的网络用户则偏好使用低丰富水平的沟通媒介（例如，电子邮件）[25]。Meyer 研究发现，网络用户的高认知偏好倾向与其自身使用认知型网站（单纯呈现事实而不包括主观移植的情感线索）的倾向呈现正相关关系，而网络用户的高情感偏好倾向则与其自身使用情感型网站（具有情感性的图片、形象化的陈述、富于情感的措辞方式）的倾向呈现正相关关系[26]。Wilson 等研究发现，使用社交网站（social networking sites, SNS）（例如，MySpace、Facebook 等）的倾向与外向性人格倾向呈现正相关关系，与尽责性人格倾向呈现负相关关系[27]。Orr 等研究发现，具有高水平羞涩倾向的网络用户更偏好于在 Facebook 平台上花费更多的时间，但他们却不会在 Facebook 平台上结交到更多的朋友[28]。Mehdizadeh 等研究发现，具有高水平自恋倾向的个体更偏好于在 Facebook 平台上花费更多的时间[29]。Leung 等研究发现，高外向性水平的个体更偏好于通过使用微博（micro-blogging）来缓解自身的存在性焦虑（existential anxiety）[30]。Correa 等研究发现，网络用户使用社交类网络应用（借助于远程通讯、社交网站等形式，在朋友之间进行沟通、联系、互动等活动）的倾向与其自身的外向性人格倾向、神经质人格倾向、开放性人格倾向等均存在正相关关系[31]。上述这些研究不断证明网络用户的网络行为与其自身的心理特征之间存在着密切关系。

2.4.2　网络行为与心理健康的相关性

在大量研究明确了网络用户的网络行为与其人格特质之间存在着关系之后，开始有研究进一步探讨网络行为与心理健康状态之间是否同样存在着密切的关系。研究结果表明，网络用户的网络行为与不同种类的心理健康问题间存在着密切的关系。例如，Goulet 研究发现，网络用户平均每周的网络应用时间、周末网络应用时间，其在电子公告栏、在线聊天、网络色情内容、电子邮件、新闻小组（newsgroup）、网络游戏等方面的使用偏好及花费时间在不同种类的网络应用上面的倾向均与其自身的网络成瘾水平呈现正相关关系；而网络用户平均每周的周末网络使用时间则会与孤独感水平呈现正相关关系[32]。Amichai-Hamburger 和 Ben-Artzi 研究发现，具有神经质人格倾向的女性网络用户使用社交类网络应用的水平与其自身的孤独感水平呈现正相关关系[33]。Chak 和 Leung 研究发现，网络用户频繁地使用网络服务（包括电子邮件、ICQ、网络聊天室、新闻小组、网络游戏等在线互动形式）与其自身的网络成瘾水平存在着正相关关系[34]。Kim 等研究发现，过度使用娱乐类网络应用会对网络用户的主观幸福感产生威胁[35]。Lam 等研究发现，酗酒行为、家庭关系不和睦、近期经历过应激事件等都是导致网络成瘾的潜在风险因素[36]。

值得注意的是，对于网络行为与抑郁、焦虑状态之间的关系探讨，既有研究已积累了大量的研究证据，而且证明了网络行为与抑郁状态、焦虑状态之间存在着密切的联系。例如，Morgan 和 Cotton 研究发现，大学新生平均每周使用电子邮件、即时通讯软件或网络聊天室的时间与抑郁情绪水平存在着负相关关系，而大学新生平均每周花费在网络购物、网络游戏、科学研究上的时间与抑郁情绪水平存在着正相关关系[37]。Erwin 等研究发现，社交焦虑的严重程度及投入到在线社交活动上面的时间与网络使用水平存在着正相关关系[38]。Mazalin 和 Moore 研究发现，对于男性网络用户来说，高水平的社交焦虑与高频率的网络使用（例如，网络聊天室、在线浏览、网络游戏）存在着显著的相关关系；而对于女性网络用户来说，社交焦虑水平与花费在网络上的时间却并不存在显著的相关关系[39]。Shepherd 和 Edelmann 研究发现，具有较低水平的自我力量的网络用户偏好于通过使用网络服务来应对社交恐惧，而网络用户的社交焦虑水平也会与网络使用程度存在着密切的关系[40]。Joiner 等研究发现，网络用户的网络焦虑（internet anxiety）水平与其自身的网络使用水平之间存在着负相关关系[41-42]。Thomee 等研究发现，对于女性网络用户来说，高水平的计算机与手机的联合使用与持久性的压力感及抑郁症状风险水平的提高存在着显著的关系，每天发送短信息的数量与持久性的压力感存在着显著的关系，在线聊天与持久性的压力感、抑郁症状风险水平存在着显著的关系，电子邮件的使用与抑郁症状风险水平存在着显著关系，而网络冲浪行为明显地提高了睡眠障碍风险水平；对男性网络用户来说，每天利用手机进行通话的次数、发送短信息的条数与睡眠障碍水平存在着显著的关系，而短信息服务的使用也与抑郁症状水平存在着显著的关系[43]。Ozcan 和 Buzlu 研究发现，病态性网络使用（problematic internet use）的程度与抑郁情绪水平存在着正相关关系[44]。Caplan 研究发现，网络用户的社交焦虑水平与其自身的在线社交互动偏好关系密切[45]。Li 等研究发现，通过分析博客文本中的文字词汇内容与文本结构特征可以实现针对网络用户情绪状态的识别[46]。Gill 等研究发现，通过分析博客的短文本内容可以实现针对网络用户情绪状态的识别[47]。Van den Eijnden 等研究发现，与先前研究（homenet study）的研究结论一致，即时通讯软件使用水平、电子邮件使用水平都与网络用户自身在 6 个月之后的抑郁情绪水平存在着正相关关系[48]。Bessiere 等研究发现，网络用户借助网络平台与家人、朋友进行互动交流的水平会影响到自身在 6 个月之后的抑郁情绪水平[49]。Ceyhan 等研究发现，网络用户的抑郁状态是预测其自身是否会出现病态性网络使用的重要因素[50]。Selfhout 等研究发现，网络用户平均每周花费在在线聊天上的时间与其自身的抑郁状态存在负相关关系，而平均每周花费在无目的网络漫游上的时间与抑郁状态存在着正相关关系[51]。Peng 等研究发现，网络用户对网络游戏的使用偏好与其自身的抑郁情绪水平呈现正相关关系[52]。Rachuri 等利用在智能移动终端设备上开发的应用程序来分析用户在使用智能移动终端设备时产生的语音信息，从而实现针对其自身情绪状态的识别与感知[53]。Yen 等研究发现，与偏好在线下开展社交互动的个体相比，偏好在线上开展社交互动的网络用户的社交焦虑水平较低；而当网络用户具有较高水平的社交焦虑与抑郁症状时，在开展线上社交互动的过程中，其自身的社交焦虑水平会下降得更多[54]。Guo 等研究发现，对于留守儿童来说，网络成瘾与抑郁风险水平的提高有关[55]。Adams 等研究了在睡眠时间段之中的技术应用（technology use）、睡眠质量与抑郁、焦虑情绪的关系，以及由于技术应用所导致的睡眠唤醒。研究发现有 47%的学生报告自身存在着由于要回复他人的短信息而导致夜间睡眠唤醒的现象，有 40%的学生报告自身存在着由于要接听他人电话而导致夜间睡眠唤醒的现象；此外，研究还发现在睡眠开始之后出现高水平的技术应用可以预测低水平的睡眠质量，而低水平的睡眠质量可以预测抑郁、焦虑症状的发生。因此，睡眠质量在睡眠开始之后的技术应用水平与抑郁、焦虑症状之间的关系中起到了中介作用[56]。Dalbudak 等研究发现，与具有较低程度的网络成瘾的网络用户相比，具有中等程度或较高程度的网络成瘾的网络用户在抑郁、焦虑状态测评上的得分会更高[57]。Becker 等研究发现，在控制了整体媒体使用（overall media use）、神经质人格与外向性人格等因素的影响后，高水平的媒体多任务同时操作（media multitasking）与高水平的抑郁、社交焦虑症状之间存在着联系，这表明媒体多任务同时操作是预测情绪问题与焦虑问题的风险因素[58]。Barrault 等研究发现，对于在线扑克游戏玩家来说，病理性赌博玩家（pathological gamblers）会比问题性赌博玩家（problem gamblers）、非病理性赌博玩家（non-pathological gamblers）拥有更高水平的抑郁、焦虑症状[59]。Harwood 等研究发现，较高程度的智能设备卷入水平与较高程度的抑郁情绪水平存在着联系，而对于智能设备的实际使用水平与抑郁、焦虑情绪水平却不存在着联系，这意味着是用户与智能设备之间的联系紧密程度，而不是用户对智能设备的实际使用程度，可以预测其自身的抑郁、焦虑情绪水平[60]。McCord 等研究发现，与那些在 Facebook 上焦虑情绪水平高而自身社交焦虑水平低的网络用户相比，那些在 Facebook 上焦虑情绪水平高而自身社交焦虑水平同时也高的网络用户会具有更高水平的社会性 Facebook 使用[61]。Lepp 等研究发现，手机通话、短信息发送与用户自身的学业成就存在着负相关关系，与焦虑情绪水平存在着正相关关系[62]。

目前，已经有一些研究试图利用网络挖掘的相关技术来分析客观的网络行为并在此基础上预测网络用户的心理特征。例如，Gosling 等研究发现，通过观察网络用户在 Facebook 平台上遗留下来的网络行为痕迹可以感知其自身的人格特征，感知结果与网络用户的自评结果之间保持着较高程度的相关性[63]；Kosinski 等研究发现，通过分析网络用户在 Facebook Likes 上的人类行为数字记录（digital records of human behavior），可以准确地预测诸如性取向、种族、宗教信仰、政治主张、人格特征、智力、父母离异状况、年龄、性别等一系列的网络用户特征或属性[64]；Schwartz 等研究发现，通过分析 75000 名 Facebook 用户的 7 亿条文字、短语或主题实例，可以准确地预测诸如性别、年龄与人格特征等一系列的网络用户特征或属性[65]。上述研究为后续研究的继续开展与不断深入提供了有益的借鉴。

2.5　网络挖掘技术

虽然既有研究在不断证明着网络用户的网络行为与其自身的心理特征（例如，人格特质、心理健康状态）之间存在着密切的关系，但是，绝大多数研究的焦点只是在已知网络用户心理特征的前提下来探究特定种类的网络行为的发生规律（例如，行为出现与否或行为频率改变与否等），而相关研究结果也通常表现为心理特征与网络行为之间的相关关系，缺乏探讨是否能够通过直接分析网络行为来识别网络用户的心理特征。

在该研究领域内引入计算机科学的网络挖掘（web mining）技术将有助于解决上述研究问题。网络挖掘是指利用归纳学习（inductive learning）、机器学习（machine learning）、统计分析（statistical analysis）等方法从海量的网络数据资源中发现有价值的知识的过程。换句话说，网络挖掘是数据挖掘（data mining）技术在网络场景中的应用，其旨在改善人类使用网络资源的效果或体验。一般来说，伴随着网络挖掘对象的变化，网络挖掘可以被具体地划分为结构挖掘（structure mining）、日志挖掘（log mining）、内容挖掘（content mining）/内容分析（content analysis）等三个基本类型[66-67]。

2.5.1　结构挖掘

结构挖掘的目标是利用网页之间的结构关系来计算网页之间的关联性，从而改善搜索结果的排序，与心理学研究的联系并不十分紧密。

2.5.2　日志挖掘

日志挖掘关注如何对网络用户的兴趣进行有效识别，最终提高网络服务的质量与网络资源的利用效率[68]。通过分析网络日志数据可以实现如下目标。

① 发现网络用户的在线行为模式[69]。

② 根据在线行为模式对网络用户进行分类。

③ 探索网页浏览偏好与特定的网络用户群体的对应关系模式[70]。

2.5.3　内容挖掘/内容分析

内容挖掘/内容分析的目标是针对网络资源（例如，文本、图片、视频、音频等）的内容特征及其应用的上下文（context）特点进行分析[71]。目前，已经有研究针对不同种类的网页开展内容挖掘/内容分析，并在此基础上探讨个性化的挖掘结果背后的心理学原因[22,26,72-73]。以通过分析网络资源（例如，文本）的内容来实现情感分类的一系列研究为例，Bracewell 等研究发现，新闻中的语料资源（例如，情绪词汇、短语等）可以被用来预测新闻作者的情感类型[74]。Zhang 等研究发现，可以通过分析人机对话（man-machine dialog）内容来建立基于中文语境的情感分类预测模型[75]。Lin 等研究发现，在利用雅虎网站上的中文新闻文章建立起语料库之后，通过分析新闻中的内容特征就可以有效地预测读者在阅读新闻时的情感体验类型[76]。Masum 等研究发现，在建立起新闻的情感分类系统之后，根据情感分类的结果并结合读者的偏好就可以实现针对新闻内容的个性化推荐[77]。Lin 和 Chen 研究发现，利用文本内容来预测读者情感的不同方法会分别适用于不同种类的预测任务[78]。Tokhisa 等研究发现，通过分析对话系统中的言语内容，可以对发言者的情感类型进行有效地预测[79]。Bhowmick 研究发现，可以利用多标签分类（multi-label classification）技术来分析新闻中的内容特征并实现针对新闻的情感分类，并在此基础上有效地预测读者在阅读新闻时的情感反应[80]。Quan 和 Ren 研究发现，建立基于博客文本内容的情绪语料库有助于实现针对中文文本的情感分类[81]。Yang 等研究发现，利用基于社会媒体内容建立起来的情绪语料库，可以分别针对文本作者与文本读者的情感类型进行预测[82]。Bhowmick 等研究发现，基于计算机的情感分类方法对愤怒与厌恶等情感类型的分类预测效果最佳[83]。Hanser 等研究发现，在对新闻的情感类型进行分类预测之后，可以通过自动创建二维图像的方式来实现新闻内容的情感可视化（emotional visualization）[84]。

2.6　小　　结

计算网络心理学研究网络虚拟环境下人们的心理行为规律及其对现实社会的影响。通过研究互联网和虚拟世界对人们的认知、情感和行为的影响规律，构建网络与虚拟环境中个体和群体的心理预测模型及干预模式，建立基于社会实时感知数据的网络心理与行为模型，形成群体心理和行为分析及决策支持的关联架构。

网络大数据可以为我们开展心理学研究提供海量的数据，目前发展迅速的可穿戴和体感技术能够帮助我们更生态化、更全面地实现行为记录。利用大数据实现心理预测固然有很大的应用潜力，但是如何将大数据技术应用于心理学研究，提高心理学研究的效果和效率，仍然需要我们开展更多的研究工作。

参 考 文 献

[1] Stoeger W R. Silicon snake oil. Catholic Social Science Review, 1999, 4: 271-273.

[2] Teo T S H, Lim V K G, Lai R Y C. Intrinsic and extrinsic motivation in internet usage. Omega, 1999, 27(1): 25-37.

[3] Cooper A. Sexuality and the internet: surfing into the new millennium. CyberPsychology & Behavior, 1998, 1(2): 187-193.

[4] Morahan-Martin J, Schumacher P. Incidence and correlates of pathological internet use among college students. Computers in Human Behavior, 2000, 16(1): 13-29.

[5] Kiesler S, Siegel J, McGuire T W. Social psychological aspects of computer-mediated communication. American Psychologist, 1984, 39(10): 1123-1134.

[6] SHOTTON M A. The costs and benefits of 'computer addiction'. Behaviour & Information Technology, 1991, 10(3): 219-230.

[7] Wallace P. The Psychology of the Internet. Cambridge: Cambridge University Press, 2001.

[8] 光磊, 济民. 青少年网络心理. 北京: 中国传媒大学出版社, 2008.

[9] Norman K L. Cyberpsychology: An Introduction to Human-Computer Interaction. Cambridge: Cambridge University Press, 2008.

[10] Brunswik E. Perception and the Representative Design of Psychological Experiments. Berkeley: University of California Press, 1956.

[11] Gosling S D, Ko S J, Mannarelli T, et al. A room with a cue: personality judgments based on offices and bedrooms. Journal of Personality and Social Psychology, 2002, 82(3): 379-398.

[12] Yee N, Harris H, Jabon M, et al. The expression of personality in virtual worlds. Social Psychological and Personality Science, 2011, 2(1): 5-12.

[13] J M B. Personality. The 7th Edition. Belmont: Thomson Wadsworth, 2008.

[14] McAdams D P, Olson B D. Personality development: continuity and change over the life course. Annual Review of Psychology, 2010, 61(1): 517-542.

[15] Amichai-Hamburger Y. Internet and personality. Computers in Human Behavior, 2002, 18(1): 1-10.

[16] Muscanell N L, Guadagno R E. Make new friends or keep the old: gender and personality differences in social networking use. Computers in Human Behavior, 2012, 28(1): 107-112.

[17] Hamburger Y A, Ben-Artzi E. The relationship between extraversion and neuroticism and the different uses of the internet. Computers in Human Behavior, 2000, 16(4): 441-449.

[18] Jackson L A, von Eye A, Biocca F A, et al. Personality, cognitive style, demographic characteristics and internet use - findings from the HomeNetToo project. Swiss Journal of Psychology / Schweizerische Zeitschrift für Psychologie / Revue Suisse de Psychologie, 2003, 62(2): 79-90.

[19] Amichai-Hamburger Y, Fine A, Goldstein A. The impact of internet interactivity and need for closure on consumer preference. Computers in Human Behavior, 2004, 20(1): 103-117.

[20] Anolli L, Villani D, Riva G. Personality of people using chat: an on-line research. CyberPsychology & Behavior, 2005, 8(1): 89-95.

[21] Lu H Y, Palmgreen P C, Zimmerman R S, et al. Personality traits as predictors of intentions to seek online information about STDs and HIV/AIDS among junior and senior college students in Taiwan. CyberPsychology & Behavior, 2006, 9(5): 577-583.

[22] Marcus B, Machilek F, Schütz A. Personality in cyberspace: personal web sites as media for personality expressions and impressions. Journal of Personality and Social Psychology,

2006, 90(6): 1014-1031.

[23] Nowson S. Identifying more bloggers: towards large scale personality classification of personal weblogs. Proceedings of the International Conference on Weblogs and Social, 2007.

[24] Amichai-Hamburger Y, Lamdan N, Madiel R, et al. Personality characteristics of wikipedia members. CyberPsychology & Behavior, 2008, 11(6): 679-681.

[25] Hertel G, Schroer J, Batinic B, et al. Do shy people prefer to send e-mail? Social Psychology, 2008, 39(4): 231-243.

[26] Meyer G. Internet User Preferences in Relation to Cognitive and Affective Styles. Michigan: ProQuest, 2008.

[27] Wilson K, Fornasier S, White K M. Psychological predictors of young adults' use of social networking sites. Cyberpsychology, Behavior, and Social Networking, 2010, 13(2): 173-177.

[28] Orr E S, Sisic M, Ross C, et al. The Influence of shyness on the use of Facebook in an undergraduate sample. CyberPsychology & Behavior, 2009, 12(3): 337-340.

[29] Mehdizadeh S. Self-Presentation 2.0: narcissism and self-esteem on Facebook. Cyberpsychology, Behavior, and Social Networking, 2010, 13(4): 357-364.

[30] LEUNG A K-Y. Understanding the psychological motives behind microblogging. CyberPsychology and CyberTherapy 15th Annual Conference, 2010.

[31] Correa T, Hinsley A W, de Zúñiga H G. Who interacts on the web: the intersection of users' personality and social media use. Computers in Human Behavior, 2010, 26(2): 247-253.

[32] Goulet N. The effect of internet use and internet dependency on shyness, loneliness, and self-consciousness in college students. Dissertation Abstracts International: Section B: The Sciences and Engineering, 2002, 63(5-B): 2650.

[33] Amichai-Hamburger Y, Ben-Artzi E. Loneliness and internet use. Computers in Human Behavior, 2003, 19(1): 71-80.

[34] Chak K, Leung L. Shyness and locus of control as predictors of internet addiction and internet use. CyberPsychology & Behavior, 2004, 7(5): 559-570.

[35] Kim J, LaRose R, Peng W. Loneliness as the cause and the effect of problematic internet use: the relationship between internet use and psychological well-being. CyberPsychology & Behavior, 2009, 12(4): 451-455.

[36] Lam L T, Peng Z, Mai J et al. Factors associated with internet addiction among adolescents.

CyberPsychology & Behavior, 2009, 12(5): 551-555.

[37] Morgan C, Cotten S R. The relationship between internet activities and depressive symptoms in a sample of college freshmen. CyberPsychology & Behavior, 2003, 6(2): 133-142.

[38] Erwin B A, Turk C L, Heimberg R G, et al. The internet: home to a severe population of individuals with social anxiety disorder? Journal of Anxiety Disorders, 2004, 18(5): 629-646.

[39] Mazalin D, Moore S. Internet use, identity development and social anxiety among young adults. Behaviour Change, 2004, 21(02): 90-102.

[40] Shepherd R M, Edelmann R J. Reasons for internet use and social anxiety. Personality and Individual Differences, 2005, 39(5): 949-958.

[41] Joiner R, Brosnan M, Duffield J, et al. The relationship between internet identification, internet anxiety and internet use. Computers in Human Behavior, 2007, 23(3): 1408-1420.

[42] Joiner R, Gavin J, Duffield J, et al. Gender, internet identification, and internet anxiety: correlates of internet use. CyberPsychology & Behavior, 2005, 8(4): 371-378.

[43] Thomée S, Eklöf M, Gustafsson E, et al. Prevalence of perceived stress, symptoms of depression and sleep disturbances in relation to information and communication technology (ICT) use among young adults - an explorative prospective study. Computers in Human Behavior, 2007, 23(3): 1300-1321.

[44] Özcan N K, Buzlu S. Internet use and its relation with the psychosocial situation for a sample of University students. CyberPsychology & Behavior, 2007, 10(6): 767-772.

[45] Caplan S E. Relations among loneliness, social anxiety, and problematic internet use. CyberPsychology & Behavior, 2007, 10(2): 234-242.

[46] Li J, Ren F. Emotion recognition from blog articles. International Conference on Natural Language Processing and Knowledge Engineering, 2008: 1-8.

[47] Gill A, French R, Gergle D, et al. Identifying emotional characteristics from short blog texts. Proceedings of the 30th Annual Conference of the Cognitive Science Society, 2008: 2237-2242.

[48] M J J, Meerkerk G-J, Vermulst A A, et al Online communication, compulsive internet use, and psychosocial well-being among adolescents: a longitudinal study. Developmental Psychology, 2008, 44(3): 655-665.

[49] Bessière K, Kiesler S, Kraut R, et al. Effects of internet use and social resources on

changes in depression. Information, Communication & Society, 2008, 11(1): 47-70.

[50] Ceyhan A A, Ceyhan E. Loneliness, depression, and computer self-efficacy as predictors of problematic internet use. CyberPsychology & Behavior, 2008, 11(6): 699-701.

[51] Selfhout M H W, Branje S J T, Delsing M, et al. Different types of internet use, depression, and social anxiety: the role of perceived friendship quality. Journal of Adolescence, 2009, 32(4): 819-833.

[52] Peng W, Liu M. Online gaming dependency: a preliminary study in China. Cyberpsychology, Behavior, and Social Networking, 2010, 13(3): 329-333.

[53] Rachuri K K, Musolesi M, Mascolo C, et al. EmotionSense: a mobile phones based adaptive platform for experimental social psychology research. Proceedings of the 12th ACM International Conference on Ubiquitous Computing, 2010: 281-290.

[54] Yen J Y, Yen C F, Chen C S, et al. Social anxiety in online and real-life interaction and their associated factors. Cyberpsychology, Behavior, and Social Networking, 2011, 15(1): 7-12.

[55] Guo J, Chen L, Wang X, et al. The relationship between internet addiction and depression among migrant children and left-behind children in China. Cyberpsychology, Behavior, and Social Networking, 2012, 15(11): 585-590.

[56] Adams S K, Kisler T S. Sleep quality as a mediator between technology-related sleep quality, depression, and anxiety. Cyberpsychology, Behavior, and Social Networking, 2013, 16(1): 25-30.

[57] Dalbudak E, Evren C, Aldemir S, et al. Relationship of internet addiction severity with depression, anxiety, and alexithymia, temperament and character in University students. Cyberpsychology, Behavior, and Social Networking, 2013, 16(4): 272-278.

[58] Becker M W, Alzahabi R, Hopwood C J. Media multitasking is associated with symptoms of depression and social anxiety. Cyberpsychology, Behavior, and Social Networking, 2012, 16(2): 132-135.

[59] Barrault S, Varescon I. Cognitive distortions, anxiety, and depression among regular and pathological gambling online poker players. Cyberpsychology, Behavior, and Social Networking, 2013, 16(3): 183-188.

[60] Harwood J, Dooley J J, Scott A J, et al. Constantly connected-the effects of smart-devices on mental health. Computers in Human Behavior, 2014, 34: 267-272.

[61] McCord B, Rodebaugh T L, Levinson C A. Facebook: social uses and anxiety. Computers

in Human Behavior, 2014, 34: 23-27.

[62] Lepp A, Barkley J E, Karpinski A C. The relationship between cell phone use, academic performance, anxiety, and satisfaction with life in college students. Computers in Human Behavior, 2014, 31: 343-350.

[63] Gosling S D, Augustine A A, Vazire S, et al. Manifestations of personality in online social networks: self-reported Facebook-related behaviors and observable profile information. Cyberpsychology, Behavior, and Social Networking, 2011, 14(9): 483-488.

[64] Kosinski M, Stillwell D, Graepel T. Private traits and attributes are predictable from digital records of human behavior. Proceedings of the National Academy of Sciences, 2013, 110(15): 5802-5805.

[65] Schwartz H A, Eichstaedt J C, Kern M L, et al. Personality, gender, and age in the language of social media: the open-vocabulary approach. PLoS ONE, 2013, 8(9): e73791.

[66] Zaıane O R. Resource and knowledge discovery from the internet and multimedia repositories. Simon Fraser University, 1999.

[67] Zaiane O R, Xin M, Han J. Discovering web access patterns and trends by applying OLAP and data mining technology on web logs. IEEE International Forum on Research and Technology Advances in Digital Libraries, 1998: 19-29.

[68] Rozic-Hristovski A, Hristovski D, Todorovski L. Users' information-seeking behavior on a medical library website. Journal of the Medical Library Association, 2002, 90(2): 210-217.

[69] Zhu T, Greiner R, Häubl G, et al. Goal-directed site-independent recommendations from passive observations. Proceedings of the National Conference on Artificial in Telligence, 1999, 20: 549.

[70] Eirinaki M, Vazirgiannis M. Web mining for web personalization. ACM Transactions on Internet Technology, 2003, 3(1): 1-27.

[71] Krippendorff K. Content Analysis: An Introduction to Its Methodology. London: SAGE, 2012.

[72] Buffardi L E, Campbell W K. Narcissism and social networking web sites. Personality and Social Psychology Bulletin, 2008, 34(10): 1303-1314.

[73] Schmitt K L, Dayanim S, Matthias S. Personal homepage construction as an expression of social development. Developmental Psychology, 2008, 44(2): 496-506.

[74] Bracewell D B, Minato J, Ren F, et al. Determining the emotion of news articles// Huang

D S, Li K, Irwin G W. Computational Intelligence. Berlin: Springer, 2006: 918-923.

[75] Zhang Y, Li Z, Ren F, et al. A preliminary research of Chinese emotion classification model. Advances in Artificial Intelligence, 2008: 95.

[76] Lin K H Y, Yang C, Chen H H. What emotions do news articles trigger in their readers? Proceedings of the 30th Annual International ACM SIGIR Conference on Research and Development in Information Retrieval, 2007: 733-734.

[77] Al Masum S M, Prendinger H, Ishizuka M. Emotion sensitive news agent: an approach towards user centric emotion sensing from the news. IEEE/WIC/ACM International Conference on Web Intelligence, 2007: 614-620.

[78] Lin K H Y, Chen H H. Ranking reader emotions using pairwise loss minimization and emotional distribution regression. Proceedings of the Conference on Empirical Methods in Natural Language Processing, 2008: 136-144.

[79] Tokuhisa R, Inui K, Matsumoto Y. Emotion classification using massive examples extracted from the web. Proceedings of the 22nd International Conference on Computational Linguistics, 2008: 881-888.

[80] Bhowmick P K. Reader perspective emotion analysis in text through ensemble based multi-label classification framework. Computer and Information Science, 2009, 2(4).

[81] Quan C, Ren F. Construction of a blog emotion corpus for Chinese emotional expression analysis. Proceedings of the 2009 Conference on Empirical Methods in Natural Language Processing, 2009: 1446-1454.

[82] Yang C, Lin K H Y, Chen H H. Writer meets reader: emotion analysis of social media from both the writer's and reader's perspectives. Proceedings of the 2009 IEEE/WIC/ACM International Joint Conference on Web Intelligence and Intelligent Agent Technology, 2009: 287-290.

[83] Bhowmick P K, Basu A, Mitra P. Classifying emotion in news sentences: when machine classification meets human classification. International Journal on Computer Science and Engineering, 2010, 2(1): 98-108.

[84] Hanser E, Kevitt P M, Lunney T, et al. NewsViz: emotional visualization of news stories. Proceedings of the NAACL HLT 2010 Workshop on Computational Approaches to Analysis and Generation of Emotion in Text, 2010: 125-130.

第 3 章   计算网络心理学的研究基础

3.1   构建网络行为特征指标体系

利用网络数据进行计算心理建模，首先需要寻找到能够有效表征网络用户心理指标的网络行为特征。既有研究所提出的网络行为特征都较为零散，缺乏系统性。从网络数据中提取完备的网络行为特征，有利于心理计算建模。这意味着，需要建立起一个网络行为特征指标体系来指导网络行为特征的提取。具体来说，构建网络行为特征指标体系旨在能够比较完备地描述网络行为，从而启发性地指导网络行为的特征提取，并最终使得提取到的网络行为特征能够有效地识别网络用户的心理特征。由于网络行为特征的提取结果将被用于识别心理特征，因此我们借鉴领域本体的构建思想，基于心理学的理论视角，建立网络行为特征指标体系。

在网络行为特征指标体系的构建方面，由于手工本体构建方法的构建效率较低，而自动本体构建方法又对需要构建的目标概念的客观性、明确性要求较高，因此，当综合考虑了在构建网络行为特征指标体系时可能会遇到的时间效率问题与在采用心理学理论视角来解析网络行为概念时可能会遇到的目标概念的模糊性问题之后，我们借鉴半自动本体构建方法来建立网络行为特征指标体系。

目前，国内外尚未提出系统、可用的网络行为描述框架，这意味着并没有可供直接复用的本体，而需要参照或类比既有的现实行为描述框架。但是，计算机科学领域对现实行为概念的建模工作缺乏全面性，而纯技术性的概念解析也使得建模结果对心理特征的表征能力欠佳；而心理学领域针对现实行为概念的建模工作缺乏系统性，即主要关注微观概念与宏观概念，却忽视了起承上启下作用的中观概念，这使得不同层次的概念之间的逻辑从属关系并没有得到有效的梳理[1]。因此，我们从心理学的理论视角，首先建立起一个关于现实行为概念的概念层次模型以供参照、类比，在此基础上利用网络行为元素来表征、筛选概念层次模型中的现实行为概念,最终逐渐建立起网络行为特征指标体系。

《心理学索引词辞典》（*Thesaurus of Psychological Index Terms*）全面收录了心理学领域中概念术语的规范用法，为心理学研究者提供了标准化的文献检索词[2]。值得注意的是，由于心理学领域对网络行为概念的解析深度仍有待提高，因此，在《心理学索引词辞典》中并未大量地收录那些与网络行为概念直接相关的心理学概念术语。我们选择行为（behavior）概念作为根概念（root concept），随后利用《心理学索引词辞典》中为每个心理学概念提供的上位词（broader term）或下位词（narrower term）来搜索剩余的一系列与行为概念相关的心理学概念，并按照概念之间的逻辑从属关系对其进行整理，最终建立起一个关于现实行为概念的概念树。从心理学的理论视角来看，这个关于现实行为概念的概念树就可以有效地描绘现实行为的全貌。

在建立起来的现实行为概念的概念树中，除根概念外，共计包括 389 个概念结点，分布于 8 个概念层次之上。其中，在第 1 个概念层次包括 27 个概念结点，分别是：适应行为（adaptive behavior）；附属行为（adjunctive behavior）；动物行为学（animal ethology）；反社会行为（antisocial behavior）；依恋行为（attachment behavior）；儿童期游戏行为（childhood play behavior）；选择行为（choice behavior）；课堂行为（classroom behavior）；生态保护行为（conservation/ecological behavior）；消费者行为（consumer behavior）；应对行为（coping behavior）；冠心病行为/a 型行为（coronary prone behavior）；饮酒行为（drinking behavior）；驾驶行为（driving behavior）；饮食行为（eating behavior）；探索行为（exploratory behavior）；保健行为（health behavior）；收藏行为（hoarding behavior）；疾病行为（illness behavior）；本能行为（instinctive behavior）；性心理行为（psychosexual behavior）；自我挫败行为（self defeating behavior）；自我毁灭行为（self destructive behavior）；社会行为（social behavior）；刻板行为（stereotyped behavior）；选举行为（voting behavior）；走失行为（wandering behavior）。

随后，剔除概念树中存在的一些重复出现的、与人类无关的（例如，动物行为学）、不容易被映射到虚拟网络空间之中的（例如，饮酒行为、饮食行为）概念结点。在此基础上，解析网络行为元素，并将其组合为不同类型的网络行为，旨在表征经过精简的概念树中的各项概念结点并为其提供具体的实例。通过这个步骤，网络行为特征指标体系可以逐渐建立起来。

根据"策略性与动机性用户、期望效应和意外效应的框架"（strategic and motivated user, expected and emergent effects, SMEE），见图 3.1 所示[3]，在个性

特征的驱动下，网络用户会在综合考虑自身目的、策略等参数的基础上来选择、使用网络媒介/服务工具，以便满足自身的个性化需求。而网络媒介/服务工具的选择、使用会产生特定的效应，引发相应的心理、行为后果，网络用户可以根据上述结果反馈来不断地调整自身对网络媒介/服务工具的期望及对人机交互结果的期望，最终使得网络的使用过程能够如愿产生期望的效果，并切实满足网络用户的个性化需求。这意味着，通过选择、应用网络媒介/服务工具来满足网络用户自身个性化需求的过程是一个决策（decision making）过程。

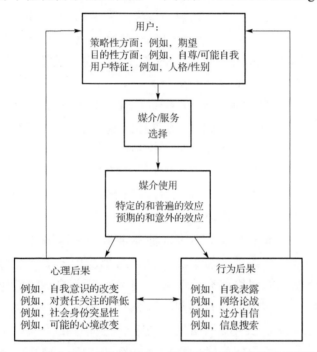

图 3.1　策略性与动机性用户、期望效应和意外效应的框架

决策过程指的是个体在不同的备选行动方案之间进行选择的过程，旨在能够如愿选择到可以用于实现既定目标的有效行动方案。一般来说，决策过程是通过外显的选择行为（稳定的趋势或即时的状态）来表达如下三种基本的决策元素。

① 行动方案（courses of action），它包括了行动方案的选项与备选项。

② 信念（beliefs），它包括了客观的状态、过程、事物等。

③ 愿望、价值观、效用（desires, values, utilities），它描述了行动方案选择结果所引发的主观后果[4]。

在网络环境下，决策过程表现为网络用户选择、应用能够有效满足自身需求的网络使用模式，即在选择、应用各种网络媒介/服务工具时，以是否有效地满足自身需求作为衡量标准。通过比较不同网络使用模式的使用结果反馈来逐渐明晰不同网络使用模式所对应的使用效应，从而在网络用户个人知识库中成功地将网络使用结果的"意外效应"替换为"期望效应"，最终顺利地掌握如何通过选择、应用各种网络媒介/服务工具来实现期望效应，达成既定目标。

换言之，网络行为其实就是针对多种备选行动方案（courses of action）或网络使用模式进行外显性的选择与应用。而每种备选行动方案或网络使用模式都是针对不同网络媒介/服务工具的不同使用效果（功能）、不同操作路径（策略）的不同选择序列（时序）的组合。其中，操作路径可以包括以下两个方面。

① 对具备相同使用效果（功能）的多种网络媒介/服务工具的选择（例如，对不同公司研发的即时通讯软件的选择）。

② 使用某个特定的网络媒介/服务工具时，对于其设计允许的多条操作路径的选择（例如，在登录 QQ 软件时可以选择是否隐身登录等）。当面对多种备选行动方案时，行为主体的个性特征（愿望，价值观，效用）就为备选行动方案的个性化选择与应用奠定了基础（例如，网络用户会以是否能够有效地满足自身的个性化需求为评判标准，据此来对不同的备选行动方案赋予不同的权重，从而最终影响到备选行动方案的选择与应用）。

据此，网络行为概念在本文中可以被界定为，在网络环境中，受到个性特征的驱动，网络用户（人类）为了满足自身的个性化需求，针对一系列具有不同使用效果（功能）的网络媒介或服务工具及其提供的不同操作路径（策略）的不同选择序列（时序）的执行结果，即网络行为=执行（功能,策略,时序,网络用户的个性特征）。其中，网络用户的个性特征包括了人口统计学特征与心理特征（可以具有不同程度的时间稳定性，例如注意、记忆、情绪、人格与认知风格等）。因此，上述表达式可以进一步表述为：网络行为=执行（功能，策略，时序，网络用户的人口统计学特征，网络用户的心理特征）。

值得注意的是，在理论上，由于所有的备选行动方案应该具备充足的可能性来被所有熟练的网络用户所熟知与掌握，并且在人与人之间的可获得性水平均等。因此，能够对备选行动方案的选择性执行产生规律性影响的主要因素就是行为主体（网络用户）的个性特征。这是因为如果没有个性特征的影响，网络用户对备选行动方案的选择性执行应该会按照一致性或随机性原则来开展，这样就会造成网络用户的在线行为模式呈现出无区辨性的特点，即或者全部都选择某一种行动方案或者均匀地分布在所有的备选行动方案之上。这意味着，在获知备选行动方案选择结果的前提下，就可以反向推测出行为主体的个性特征，即网络用户的个性特征=推测（网络行为，功能，策略，时序）。

由于行为主体对备选行动方案的选择、应用结果与其自身的人口统计学特征都是可以直接观察到的，因此，可以进一步将人口统计学特征从个性特征中剥离出来，作为推测网络用户心理特征的线索之一。最终，上述网络行为元素（功能、策略、时序、人口统计学特征）的组合（网络行为）可以被用来表征网络用户的心理特征（见图 3.2）。

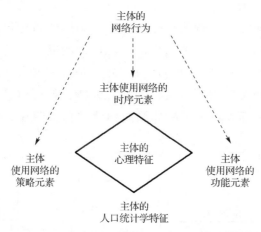

图 3.2　网络行为元素与心理特征的表征关系

在将网络行为元素（功能、策略、时序、人口统计学特征）组合成网络行为的过程中，为了保证组合结果能够有效地表征网络用户的心理特征，就需要使得组合而成的网络行为能够表征图 3.1 中的心理学概念。因此，网络行为元素的组合结果需要经过心理学领域研究人员与计算机领域研究人员的循环论证（见图 3.3），从而逐渐建立起一个基于心理学理论视角的网络行为特征指标体系。

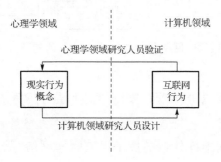

图 3.3　组合网络行为元素的循环论证过程

循环论证过程包括了如下几个步骤。

步骤 1　向计算机领域研究人员解释图 3.1 中心理学概念的含义。

步骤 2　由计算机领域研究人员总结、组合网络行为元素，以此来表征图 3.1 中的心理学概念。

步骤 3　由心理学领域研究人员尝试将组合后的网络行为还原并对应于图 3.1 中的心理学概念体系。

步骤 4　如果在还原过程中出现了错误对应或无法对应的情况，那么将针对该组合结果重复步骤 1 的工作。

在初步构建起网络行为特征指标体系后，利用该指标体系来指导网络行为特征的提取，经过后续实证研究结果的评价，即网络行为特征指标体系是否能够有效地改善网络行为特征提取的质量，并且是否能够有效地提升网络行为特征对网络用户心理特征的表征效果，网络行为特征指标体系即可逐步形成。

综上所述，网络行为特征指标体系的构建过程如图 3.4 所示。

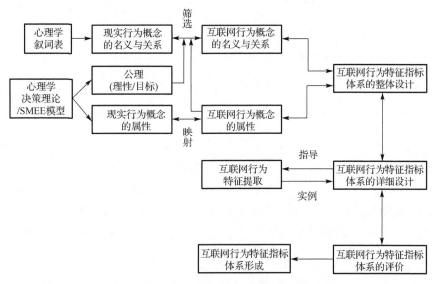

图 3.4　网络行为特征指标体系的构建过程

3.2　网络行为测量方法

构建网络行为特征指标体系解决了提取哪些网络行为特征的问题，但采取何种方法来有效地测量（采集）网络行为也是需要我们认真对待的一个问题。

既有研究在测量网络用户的网络行为时通常依赖自陈量表方法，可靠性欠佳。具体来说，对于相同的网络行为字段，在基于自陈量表数据的网络行为测量结果与基于网络日志数据的网络行为测量结果之间存在着多样化的关系。由于基于自陈量表数据的网络行为测量结果与基于网络日志数据的网络行为测量结果之间保持着多样化的相关关系，因此，应该将上述两类测量结果区别对待。一般来说，网络日志数据在某种程度上最接近于真实、客观的网络行为，这意味着，基于自陈量表的网络行为测量结果的可靠性并不理想。

与基于自陈量表数据的网络行为测量结果相比，基于网络日志数据的网络行为测量结果能够被用来更好地预测网络用户的心理特征。此外，对于被试来说，基于自陈量表的研究数据采集过程必须要在实验环境下（如实验室中）以一种"侵入式"（intrusive）的方式来完成，而基于网络日志的研究数据采集过程却可以在生态环境下（如日常的生活、学习、工作中）以一种"非侵入式"的自动方式来完成。这意味着，与自陈量表数据相比，网络日志数据的采集过程具有比较明显的优势，从而为开展基于网络行为的心理特征预测研究提供了极大的便利。

值得注意的是，对基于自陈量表数据的网络行为测量结果来说，其与基于网络日志数据的网络行为测量结果之间的相关关系水平可能会受到有待回忆的目标网络信息类型的影响。根据个体在回忆过程中对目标网络信息加工深度的需求不同，网络信息可以划分为两个类型：直接信息（direct information）与间接信息（indirect information）。其中，直接信息指的是内容可以被网络用户相对容易地直接回忆起来的网络信息。因此，在回忆时，该目标信息的内容也可以从个体的记忆中被相对容易地直接提取出来。而间接信息指的是这样一类网络信息，在回忆其内容时需要预先对其他相关辅助信息进行额外的组织或加工，随后，目标信息的内容才可以被顺利地回忆起来。这个相对复杂的回忆过程会增加个体的认知资源负担，因此，间接信息的内容无法被轻易地准确回忆起来，其回忆的难度要高于直接信息的回忆难度。准直接信息指的是那些性质介于直接信息与间接信息之间的网络信息。由于在不同的研究中，需要被试回忆的目标信息内容会随着研究目的的变化而变化，再加上不同网站的网页设计理念不尽相同，因此，在针对特定网络平台上的特定网络行为的自评回忆任务之中，很难要求被试甚至是研究者对待回忆的目标信息内容究竟应该从属于哪个信息种类（直接信息、间接信息或准直接信息）做出迅速、准确的判断。这种情况可能会导致基于自陈量表的网络行为测量结果，以及在此基础上得出的网络用户的心理特征预测结果出现偏差与混乱。而借助信息技术来获取网络日志数据（例如，利用应用程序接口与网络爬虫程序）就可以有效避免上述问题的出现，从而实现针对网络行为的准确测量与针对心理特征的有效预测。

　　综上所述，关于是否应该选用自陈量表方法来测量网络行为并在此基础上预测网络用户的心理特征（例如，人格特质、心理健康状态）的问题，上述研究发现，与基于自陈量表数据的网络行为测量结果相比，基于网络日志数据的网络行为测量结果的可靠性与有效性更好。除此之外，在数据采集的便利性与生态性方面，网络日志数据的采集过程也要优于自陈量表数据的采集过程。因此，应该选用基于网络日志的网络行为测量方法，并在此基础上建立心理特征预测模型。

3.3　网络内容分析

　　除了用户的网络使用行为特征，用户在网络上发布的内容特征（例如，语言使用特征、语言选择特征等）也可以有效地表征其心理特征[5]。通过对用户在网络上发布的内容进行内容分析，可以预测用户的个人信息[6]。例如，有研究发现，通过分析用户的博客内容，可以有效识别用户的性别[7-8]。研究发现，通过分析用户的博客内容，可以对用户的人格进行类别划分[9]。有研究发现，采用 M5Rules 算法对用户的 Facebook 内容进行分析，可以对用户的人格特征进行预测[10]。还有研究发现，在 Twitter 上，网络内容特征与用户人格特征之间也存在着显著的相关性[11]。鉴于网络内容分析对用户心理特征预测的重要作用，需要发掘有效的内容分析方法和技术。

3.3.1　词袋模型方法

　　词袋模型（bag of words）是计算机自然语言处理领域中常用语文本分类、信息检索等任务的内容分析方法[12]。在词袋模型中，针对被分析的文本内容，忽略其中词语出现的顺序信息，因此也忽略文本中的句法和语义信息。词袋模型仅针对语料库中的词语建立词典，并将待分析的文本内容表示为基于词典的特征向量，特征向量中仅包含了待分析文本中出现词语的次数信息，而不包括词语出现的顺序等信息。例如，我们针对一个只包含两段简短文本的语料库进行词袋分析，这两段文本分别是"我今天吃了两个面包，他吃了三个"和"他不吃面包"。针对这个语料库，经过分词之后，我们建立的语料库词典如下：

我：　　　1
今天：　　2
吃了：　　3
不吃：　　4
他：　　　5
两个：　　6
三个：　　7
面包：　　8

所以，两段短文本均可以基于以上词典抽象为一个 8 维向量。两段文本的特征向量分别是：{1，1，2，0，1，1，1，1}；{0，0，0，1，1，0，0，1}。在该向量中，维度数是由词典中的词语类别的总数决定的，而每个维度的取值是由其代表的词项在待分析文本中出现的总次数决定的。在针对用户心理特征的内容分析中，由于网络环境下词语类别的总数十分庞大，因此会造成用户特征向量中某些维度的取值稀疏，从而给内容分析带来挑战。更重要的是，词袋模型在对内容文本进行分析时，并没有对文本内容进行心理语义标注或分析。因此，词袋模型更适合于文本分类和信息检索等一般性用途的自然语言处理任务。而在针对用户心理特征进行分析的研究任务中，词袋模型就难以从待分析的文本内容中提取出那些能够有效反映用户心理的语言使用特征。

3.3.2　同义词字典方法

建立同义词字典是开展内容分析的另一种方法，WordNet 就是其中一种比较著名的同义词字典。WordNet 是由美国普林斯顿大学的研究者建立并维护的英文字典[13]，它根据词语的语言含义将词语分组，每一个分组是具有相同意义的词语集合（synset）。因此，相比词袋模型方法，WordNet 字典在对内容文本进行分析时可以得到更多的语义信息。WordNet 最早从名词网络开始发展，在词网层次最顶层的 11 个抽象概念中就已经包括了心理特征（psychological feature）这个基本类别始点（unique beginners），这表明 WordNet 在研发过程中充分意识到分析用户的语言使用或词汇选择习惯对于了解用户的心理特征具有非凡的作用与价值。

在 WordNet 英文字典的启发下，新加坡南洋理工大学的簧居仁和谢舒凯组织建立了类似的中文字典（Chinese WordNet）[14]，其与 WordNet 在组织结构和核心思想方面是彼此一致的。中文词网络也将中文词语根据语言含义划分为多个词语集合。

然而，WordNet 词典的研究成果并没有被心理学领域广泛应用于针对用户心理特征的内容分析研究中，以 WordNet 为代表的同义词字典方法更注重于在人工智能、机器翻译等领域的应用，即更偏重对自然语言的普遍性覆盖。这意味着，针对心理特征的内容分析而言，WordNet 并没有给予特别的关注和进一步的支持。

3.3.3 心理语义字典方法

出于分析用户心理特征的目的，建立更具针对性的心理语义字典成为开展内容分析的另一种方法。目前，最著名的心理语义字典是 *Linguistic Inquiry and Word Count*（LIWC）。LIWC 在 1997 年被首次提出，现在最新的稳定版本是 2007 年发布的 LIWC 2007[15]。LIWC 分析方法由 LIWC 词典和 LIWC 分析程序两部分组成，其核心在于 LIWC 词典。词典中主要针对词语的心理学含义进行了词语的分类标注。

LIWC 汇聚了前两种内容分析方法的优点。与词袋方法一样，LIWC 不处理内容文本中词语出现顺序以及文本中的句型语法和语义信息；而与 WordNet 类似，LIWC 在词典编制方面同样是基于词语的语义类别来将词语划分为不同的类别。与词袋方法和 WordNet 方法不同的是，在 LIWC 词典中，词语的类别划分主要是根据其所反映的心理语义的相似性来完成的。而在统计待分析文本中的标点符号和句子长度等内容文本基本信息之外，LIWC 的输出主要是将待分析文本中的词项根据心理学含义进行类别划分，然后分别统计不同类别的特征值。

LIWC 词典的编制过程主要是基于专家的讨论与头脑风暴，以及专家组对词典中每个词项的词语类别归属的评议投票。因此，LIWC 的词典结构或层次类别划分并非是绝对严格的。例如，社会历程词类别中，包含了家庭词、朋友词和人类词三个子类别，但是并不能保证所有的人类词都能够在评议过程中被专家组成员投票确定为社会历程词。在英文 LIWC 2007 词典的基础上,台湾的研究者编制了能够处理繁体中文文本的 CLIWC[16]。

虽然心理语义字典的方法已经得到了广泛应用,但是针对简体中文内容的心理分析研究却相对较少,其主要原因在于目前尚未有适合简体中文心理分析的软件系统问世,而 LIWC 与 CLIWC 词库及相对应的软件程序难以较好地处理简体中文文本。为了将心理语义字典方法应用于简体中文文本,特别是简体中文网络文本,针对中国大陆地区的语言特点,参照 LIWC2007 和 CLIWC 词库,我们开发了"文心"(TextMind)中文心理语义分析系统。"文心"系统旨在针对中文文本进行心理语言分析,通过"文心"系统可以便捷地分析文本中使用不同心理语义类别语言的程度或偏好,为用户提供从简体中文自动分词到语言心理分析的一揽子分析解决方案,其词库、文字和符号等处理方法专门针对简体中文语境,词库分类体系也与 LIWC 兼容一致。

"文心"系统主要由词库和软件程序两部分组成。

1. 词库

在 LIWC2007 英文词库及 CLIWC 繁体中文词库的基础上,我们完成了简体中文心理分析词库的建立。通过对约 195 万新浪微博用户的微博内容中高频词的统计和心理特征标识,将简体中文心理分析词库进一步扩展成了微博心理分析词库,以便使得词库能够更好地覆盖微博网络用语词汇,有利于开展针对简体中文网络文本进行心理分析。

2. 软件程序

在建立中文心理分析词库和微博心理分析词库之后,我们组织研发了基于词库的中文心理语义分析系统,即"文心"中文心理语义分析系统(http://ccpl.psych.ac.cn/textmind/)。

"文心"中文心理语义分析系统的输入内容是中文文本,而输出内容是输入文本所反映的心理语义特征。图 3.5 展示了"文心"中文心理语义分析系统的用户输入界面。基于可视化界面,用户最多可以输入长达两万字的文本材料,而输入的文本材料无需用户进行任何预处理。"文心"中文心理语义分析系统集成了从简体中文文本内容分析到心理语义特征提取的全部关键功能,为相关领域的研究工作者特别是心理学研究工作者提供了极大的便利。

请在下面输入您想要分析的文本

李克强：彻查新建政府性楼堂馆所绝不手软

3月19日，李克强总理主持召开国务院常务会议，部署进一步落实不得新建政府性楼堂馆所要求的措施。

2013年3月17日，就任总理当天的记者招待会上，李克强曾庄严承诺："本届政府任期内，政府性楼堂馆所一律不得新建"；今年3月5日，在向全国人大代表作《政府工作报告》时，他再次重申："政府性楼堂馆所一律不得新建和改扩建"。

在19日的国务院常务会议上，李克强语气坚定地说："对于新建政府性楼堂馆所，要一查到底，严肃问责！"

一边说资金困难，一边办公楼却越修越豪华

李克强说，严查新建政府性楼堂馆所，人民群众高度拥护，干部们也应该"心里有数"。他提到，自己早年在地方工作时，曾经有人提出，把省委大楼翻修改建成"城市风景线"。李克强当即喝止："你开什么玩笑！"

他说："一边说解决贫困人口、完善社会救助的资金困难，一边办公楼却越修越豪华，这太说不过去！这个问题不解决，政府就没有公信力！"

李克强强调，对于此次"顶风作案"的新建政府性楼堂馆所，必须坚决查处。

房间再大，里面不就是一张床嘛！

李克强指出，除了办公楼，有些地方修建的宾馆、培训中心，更是"超一流水准"，既花了许多钱，又要养那么多服务人员，"实在没有必要"。

他说，每次去基层考察调研，他都坚决不住所谓的"一号楼"，坚决不住超标准的大套房。"我看到有些房间，像会议室那么大，真是'大而不当'。"他说，"房间再大，里面也不就是一张床嘛！"

他要求，国家部委必须带好头、做好表率，一律禁止新建楼堂馆所。

"约法三章"不能变成"皇帝的新衣"

李克强说，不得新建政府性楼堂馆所，是国务院"约法三章"的重要内容。"国务院说出来的话，定下的规矩，有人顶风作案，那就坚决严查，决不姑息！"他说。

他特别强调，"约法三章"不能变成"皇帝的新衣"。要欢迎社会监督，"把问题暴露在阳光底下"。"有人可能觉得，我们查出问题也可以瞒着掖着，私下里检讨一下就完了，这绝对不行！"李克强说，"对于查出的问题，必须'曝光'，公开处理，这是我们做出的承诺！"

公职人员要这个"派头"有什么意思？

李克强说，现在某些官员，不仅追求多大的办公室，坐车也要大排量的。"一个公职人员，要这个'派头'有什么意思？"

他说，有些地方把一间大办公室隔断成几小间，面积没变，反倒还多花了装修的钱。

"这不是形式主义吗？！"，李克强说，"对政府性楼堂馆所这个屡治屡犯的'牛皮癣'，必须要加大整治力度，坚决查处，绝不手软！"（肖楠）

开始分析

图 3.5　"文心"中文心理语义分析系统的输入界面

3.4　机器学习方法的应用

机器学习是近 20 年来兴起的一门多领域交叉学科，涉及概率论、统计学、逼近论、凸分析、算法复杂度理论等多门学科。机器学习理论主要是设计和分析一些让计算机可以自动学习的算法。机器学习算法是一类从数据中自动分析获得规律，并利用规律对未知数据进行预测的算法。因为学习算法中涉及了大量的统计学理论，机器学习与统计推断学联系尤为密切，也被称为统计学习理论。近年来机器学习开始广泛应用于计算网络心理学领域，下面介绍几种常见的机器学习算法的应用。

3.4.1　主动学习

在进行用户实验时，由于对每个用户的心理特征进行标注需要花费较高的成本，因此需要进行用户抽样，而在抽样过程中可能会引入抽样偏置的误差。为了尽可能减少抽样偏置并筛选有效的用户参加实验，从而达到节省实验成本并获得对建模更有价值的数据的目的,可以采用机器学习领域的主动学习方法。

1. 主动学习的概念

早期的统计机器学习（statistical learning）主要集中于研究监督学习（supervised learning），该算法根据已知的样本特征和标注数据求解模型的参数。在标注数据容易获取的情况下（例如，在翻译软件、搜索引擎、电子商务推荐等场景），监督学习已经得到广泛的应用，并且发挥了至关重要的作用。然而，监督学习通常需要数百甚至数千个标注数据才能够训练出预测精度较高的模型。这意味着，在标注数据获取困难的场景下，监督学习就难以发挥作用。此外，在难以获取标注的场景下，由于标注数据通常需要领域专家进行人工标注，因此能够获取到质量较高的标注数据。主动学习就是这样一种能够有效利用无标注数据的机器学习方法，它可以主动提出一些标注建议，将一些经过筛选的数据提交给专家进行标注，从而获取最有价值的标注数据[17]。

简单来说，主动学习是一个循环的过程，抽取出来的待标注样本在经过标注之后又可以更新主动学习模型，从而进一步提高模型效率。这个过程可以用图 3.6 表示。

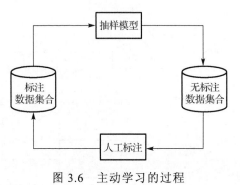

图 3.6　主动学习的过程

在这个过程中，最核心的便是主动学习的模型，其本质上代表了选取待查询数据点的策略，它直接决定了主动学习所抽取的采样本的价值和效果。目前，主要的主动学习思想与方法大致可以分为启发式方法（包括投票委员会方法和不确定性抽样）和基于参数优化的方法。

2. 主动学习的应用

主动学习的应用场景包括以下三类。

（1）逐个查询合成模式（membership query）[18]。能够在输入空间中任意选择实例进行标记的算法称为逐个查询合成模式算法。这类算法的优点是能够在整个输入空间中寻找对学习结果最有利的实例，因此具有最佳的灵活性，实现也最为简便。然而，由于逐个查询合成模式算法可能产生大量合法但无意义的输入，此类算法不适合领域专家人工给出标注的应用场景。

（2）基于流选择性抽样（stream-based selective sampling）[19]。该算法适用于无标注实例可以无限获取的情形。其不断通过采样或生成得到新的无标注实例，并根据信息决定丢弃新的实例，或是将生成的实例交给领域专家标注。此类算法在语音识别、信息获取等领域得到了广泛应用。

（3）基于数据池的抽样（pool-based）[20]。基于数据池的抽样算法的应用场景是对上述两种算法的折中，适用于无标注集合为确定有穷集合的情形，即算法需要在一些给定的实例中进行挑选。特别的，当未标记集合是整个输入空间时，基于数据池的抽样算法退化成为逐个查询合成模式算法，而基于数值的数据池的抽样算法也可以通过设置阈值的方式修改为逐个查询合成模式算法。因此，基于数据池的抽样算法是主动学习领域中研究最广泛的一类算法。

可以用图 3.7 来表示上述三种不同的应用场景。

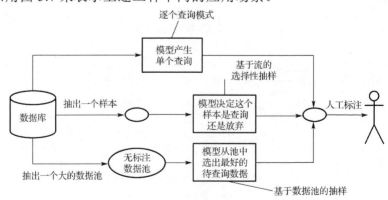

图 3.7　三种主动学习的应用场景

在图 3.7 中，逐个查询合成模式和基于流选择性抽样本质是类似的，都是在单个样本判断之后进行人工查询。而基于数据池的抽样则是先抽取大量的无标注数据放在一个数据池中，然后利用模型从这个池子中抽取一批待标注数据，也就是说，模型一次性找出了潜在最有价值的数据集。

3.4.2　半监督学习

网络心理研究具有标注数据少、获取成本高的特点，而无标注数据的获取成本较低、数据量较为充裕。面对这种标注数据有限而无标注数据无穷的情况，一般有两种应对方法，一种便是前一节所述的利用主动学习选取最优的无标注数据来作为待标注数据；另外一种便是半监督学习[21-23]。

半监督学习利用大量的无标注数据来改进监督学习，即从与标注数据相关的无标注数据点中获得知识，以此训练更好的学习器（如分类器或回归函数）。目前，半监督学习在多个领域已经得到了广泛应用，例如，在医疗图形分析、智能交通、推荐系统等标注数据较难获取的场景下，半监督学习都发挥了十分重要的作用。

3.4.3　迁移学习

传统的机器学习方法（如监督学习）都是基于独立同分布假设的，即假设训练集与测试集的数据分布或特征空间一致。但是，在心理学研究中却广泛存在着训练集与测试集的数据分布或特征空间不一致的情况。面对这种情况，传统的机器学习方法常常表现不佳，需要开发新的机器学习方法。因此，迁移学习方法开始受到关注。

1. 迁移学习的概念

Pan 等给出了迁移学习的定义[24]：给定一个源领域的数据集 D_S 和学习任务 T_S，一个目标领域的数据集 D_T 和学习任务 T_T，这时，$D_S \neq D_T$ 或者 $T_S \neq T_T$，迁移学习是通过利用 D_S 和 T_S 间的相关知识来帮助改善对目标领域预测函数 f_T 的机器学习研究。

　　监督学习的训练集和测试集是同类的（独立同分布），而迁移学习的训练集和测试集则属于有一定相关性的异类。简单来说，迁移学习是指利用与测试任务相关的辅助数据集帮助测试任务上的学习和预测，从而在测试集上取得更好的预测性能。针对训练集与测试集的数据分布不同的问题，迁移学习通过转换函数来重新匹配两者的数据分布，降低分布不一致对预测模型的不利影响（基于分布的迁移）；而当训练集与测试集具有不同的特征空间时，迁移学习则通过寻找两者之间共同的语义表示来将相关的模型知识迁移到测试集上，从而得到一个更优的机器学习模型（异构迁移）。

　　2. 迁移学习的应用

　　柏拉图曾说过 "No two persons are born exactly alike; but each differs from the other in natural endowments, one being suited for one occupation and the other for another"。在基于网络行为的心理预测研究中，不同类型的用户（例如，不同性别、不同地域的用户或不同网站的用户）的数据之间不满足独立同分布假设，这就需要针对因用户类型不同而造成的心理特征预测模型的可推广性问题引入迁移学习方法，着眼于处理训练集和测试集数据分布不一致的情况，以便更好地预测用户的心理特征。图 3.8 展示了不同的迁移学习方法的应用场景及其与传统的监督学习方法的不同之处。

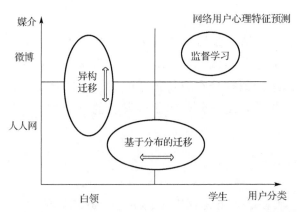

图 3.8　异构迁移、基于分布的迁移以及监督学习在心理特征预测中的应用场景

　　在心理特征预测研究中，不同的用户类型主要包括以下两方面。
　　（1）用户的人口统计学类型不同。例如，微博用户中的研究生群体和白领群体就具有不同的人口统计学类型，这属于数据分布不同的问题（基于分布的迁移）。

（2）用户的网络应用类型不同。例如，用户在微博和人人网上的行为表现及可获得的数据字段都彼此不同，这属于特征空间不同的问题（异构迁移）。

针对具有不同人口统计学类型的用户，我们开展了利用迁移学习方法进行跨性别预测用户人格特征（大五人格理论框架下的 A、C、E、N、O 五个人格维度）的研究，旨在通过迁移学习方法对心理预测的效果进行改善。有研究表明，男性和女性往往会在同一种人格维度上存在不同的数据分布[26]。例如，男性和女性在攻击性、自信心、支配性和依赖性、同理心和利他行为以及情绪性等方面就存在明显的差异[27-28]。此外，男性用户和女性用户在网络行为模式上也存在着差异。因此，如果将在一种性别用户的训练集上得到的模型直接推广到另一种性别用户的测试集上就可能会引起预测偏差。

在实验中，以女性用户数据作为训练集建立机器学习模型，并检验模型在男性用户数据（测试集）上的预测精度。首先，实验共采集到 562 名用户的数据，其中 347 名女性，其余为男性；共抽取 845 个特征，在此基础上利用 Matlab 的 StepWise 函数对 845 个特征进行特征选取。经过处理后，A、C、E、N、O 五个维度所对应的特征数分别是 25、14、19、25、20。其次，对每种人格维度，实验利用 T-test 和 Kolmogorov-Smirnotest 方法证实了不同性别的用户在特征的数据分布上存在着显著差异。在此基础上，实验比较了局部迁移学习回归方法与非迁移回归、全局回归方法以及 kernel mean matching（KMM）方法在跨性别预测实验中的性能。之所以选择 KMM 方法，是因为 KMM 方法是该领域中一个经典的方法，也常被用来作为 baseline 方法。此外，实验验证了重复取样法结合 SVM 算法，及 KMM 结合 MARS 的算法。这些方法中，SVM 来自于 libsvm（http://www.csie.ntu.edu.tw/-cjlin/libsvm/），具体使用了 nu-SVR 方法；MARS 来源于 matlab 语言的开源回归学习软件（http://www.cs.rtu.lv/jekabsons/regression.html）。实验采用均方误差（mean squared error, MSE）作为评价模型预测效果好坏的衡量标准，其公式如下：

$$MSE = \frac{1}{n}\sum_{i=1}^{n}(\hat{Y}_i - Y_i)^2$$

其中，$\hat{Y}_i$ 是预测值，Y 是真实值，公式表示误差的平方和。每个实验结果都是 10 次实验计算平均值。模型的训练结果见表 3.1 所示。

表 3.1　SVM、MARS 回归算法在跨性别数据集人格预测研究中的训练结果

	A	C	E	N	O
无迁移 SVM	25.0162	38.5171	25.6888	27.0483	29.1443
迁移 SVM	24.5143	37.0168	25.1010	26.0709	29.1943
无迁移 MARS	34.8431	45.9335	34.0655	29.5776	32.6700
迁移 KMM-MARS	26.7654	30.8683	24.0116	27.9208	28.1425

从表 3.1 可以看到，迁移学习回归算法在测试集的绝大多数情况下改善了预测精度，并且取得了最小的预测误差。这证明了迁移学习方法在计算网络心理建模中的作用。

3.4.4　多任务学习

在心理学研究中，心理特征（例如，人格、心理健康和社会态度等）通常是一种多维度概念。心理特征的各维度之间虽然保持相对独立，但却在深层次上具有一定的联系。传统的模型训练思路是在训练集上对各个任务分别训练模型。这种方法仅仅考虑了各个任务的特定信息，而忽略了任务之间的相关性，即没有考虑任务之间的某些共享信息，从而影响了模型的预测效果。为了提高学习效果，这就需要考虑如何在同一训练集上同时学习多个具有相关性的任务，即多任务学习[29]。

1. 多任务学习的概念及应用场景

多任务学习是 Caruana 在 1997 年正式提出，以前馈神经网络进行多任务学习建模[30]。传统意义上的神经网络原理如图 3.9 所示。以特征集作为输入，分别对各个任务（task）进行训练学习。

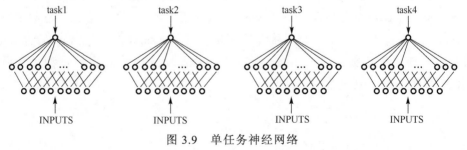

图 3.9　单任务神经网络

而多任务神经网络则打破了每次训练只针对一个任务的限制，其原理图如图 3.10 所示。

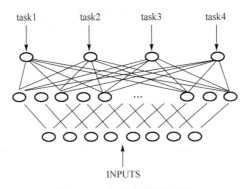

图 3.10　多任务神经网络

　　多任务训练的结果使得输入结点和隐藏层结点的连接权包含了任务之间的共享信息，而隐藏层结点和输出结点之间则包含了各个任务的特定信息，从而提高了模型训练的效果。

　　多任务学习可以被用来修正 Logistic 回归、SVM 等经典算法，具有较高的理论基础和价值，拥有广阔的应用前景。目前已经被应用在语音处理、社会调查、心理干预等多个领域。

　　2. 多任务学习的应用

　　心理学研究表明，不同的心理健康维度之间存在着一定的关系，有必要采用多任务学习方法提高心理健康预测的效果。因此，我们针对不同的心理健康维度（抑郁、焦虑）测试了多任务学习方法在优化计算网络心理建模方面的效果。首先，实验共采集 563 名活跃的微博用户，其中有 444 名用户符合实验要求。其次，利用心理健康问卷对 444 名用户的心理健康水平（抑郁、焦虑）进行评定。结果发现，用户的抑郁水平与焦虑水平之间的相关系数（r）达到了较强程度的相关性水平（$r=0.72$），且该相关系数的统计显著性水平（p）达到了统计显著程度（$p<0.001$）。这表明，需要采用多任务学习的方法来建立心理健康预测模型，以便获得更好的预测效果。最终，本研究建立了不同的预测模型，如线性回归模型（LR）、多任务回归模型（MTR）、神经网络模型（NN），并对其进行预测效果的评估（见表 3.2 和图 3.11）。其中，神经网络模型的学习率设置为 0.9，多任务回归算法的正则系数选择为 1.70（$\ln(\lambda)=0.53$），而各目标任务维度（焦虑和抑郁）的取值范围为[1,4]。实验分别采用平均绝对误差（MAE）与预测误差率作为模型预测效果的评价标准。结果显示，采用多任务回归模型

（MTR）要比线性回归和神经网络模型的预测效果更好。这表明，多任务学习方法有助于优化计算网络心理建模的效果。

表 3.2　不同种类模型的平均绝对误差

维度	LR	NN	MTR
焦虑	1.82	0.81	0.54
抑郁	2.00	0.86	0.61

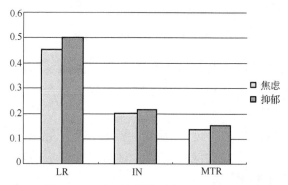

图 3.11　不同种类模型的预测误差率

3.4.5　总结

为了实现对网络行为大数据的高效分析，需要利用机器学习实现对大数据的分析挖掘。其中，主动学习方法能够便于研究者在用户实验中选取到有效的用户样本；半监督学习方法能够充分利用大量无标注数据来提高心理预测的精度；迁移学习方法能够解决训练集与测试集之间不符合独立同分布的问题；多任务学习方法能够挖掘不同心理维度之间的共享信息，以此提高心理预测的效果。机器学习方法的不断发展为心理学研究提供了强有力的技术支撑。

参 考 文 献

[1] Adams H E, Doster J A, Calhoun K S. A psychologically based system of response classification. Handbook of Behavioral Assessment, 1977.

[2] Gallagher Tuleya L. Thesaurus of psychological index terms. Washington: American Psychological Association, 2007.

[3] 亚当·乔伊森著. 网络行为心理学——虚拟世界与真实生活. 任衍具, 魏玲译. 北京: 商务印书馆, 2010.

[4] Hastie R. Problems for judgment and decision making. Annual Review of Psychology, 2001, 52(1): 653-683.

[5] Reiter E, Sripada S. Contextual influences on near-synonym choice// Belz A, Evans R, Piwek P. Natural Language Generation. Berlin: Springer, 2004: 161-170.

[6] Mairesse F, Walker M A, Mehl M R, et al. Using linguistic cues for the automatic recognition of personality in conversation and text. Journal of Artificial Intelligence Research, 2007: 457-500.

[7] Cheng N, Chandramouli R, Subbalakshmi K P. Author gender identification from text. Digital Investigation, 2011, 8(1): 78-88.

[8] Oberlander J, Nowson S. Whose thumb is it anyway? Classifying author personality from weblog text. Proceedings of the COLING/ACL on Main Conference Poster Sessions, 2006: 627-634.

[9] Nowson S. Identifying more bloggers: towards large scale personality classification of personal weblogs. Proceedings of the International Conference on Weblogs and Social, 2007.

[10] Golbeck J, Robles C, Turner K. Predicting personality with social media. CHI '11 Extended Abstracts on Human Factors in Computing Systems, 2011: 253-262.

[11] Golbeck J, Robles C, Edmondson M, et al. Predicting personality from twitter. 2011 IEEE Third International Conference on Privacy, Security, Risk and Trust (PASSAT) and 2011 IEEE Third International Conference on Social Computing (SocialCom), 2011: 149-156.

[12] Ko Y. A study of term weighting schemes using class information for text classification. Proceedings of the 35th International ACM SIGIR Conference on Research and Development in Information Retrieval, 2012: 1029-1030.

[13] Miller G A. WordNet: a lexical database for English. Communications of the ACM, 1995, 38(11): 39-41.

[14] Huang C R, Chang R Y, Lee H P. Sinica BOW (bilingual ontological wordnet): integration of bilingual WordNet and SUMO. LREC, 2004.

[15] Tausczik Y R, Pennebaker J W. The psychological meaning of words: LIWC and computerized

text analysis methods. Journal of Language and Social Psychology, 2010, 29(1): 24-54.

[16] Huang C L, Chung C K, Hui N, et al. The development of the chinese linguistic inquiry and word count dictionary. Chinese Journal of Psychology, 2012, 54(2): 185-201.

[17] Settles B. Active learning literature survey. University of Wisconsin, Madison, 2010, 52(55-66): 11.

[18] Angluin D. Queries and concept learning. Machine Learning, 1988, 2(4): 319-342.

[19] Cohn D, Atlas L, Ladner R. Improving generalization with active learning. Machine Learning, 1994, 15(2): 201-221.

[20] Lewis D D, Gale W A. A sequential algorithm for training text classifiers. Proceedings of the 17th Annual International ACM SIGIR Conference on Research and Development in Information Retrieval, 1994: 3-12.

[21] Zhu X. Semi-supervised learning literature survey. Computer Science, 2008, 37(1): 63-77.

[22] Chapelle O, Schölkopf B, Zien A, et al. Semi-supervised learning. Journal of the Royal Statistical Society, 2010, 6493(10): 2465-2472.

[23] 周志华, 周志华, 王珏. 半监督学习中的协同训练风范. 机器学习及其应用, 2007: 259-275.

[24] Pan S J, Yang Q. A survey on transfer learning. IEEE Transactions on Knowledge and Data Engineering, 2010, 22(10): 1345-1359.

[25] Raina R, Battle A, Lee H, et al. Self-taught learning: transfer learning from unlabeled data. Proceedings of the 24th International Conference on Machine Learning, 2007: 759-766.

[26] 张德. 关于性别偏见的调查报告. 社会心理研究, 1990, 3.

[27] Maccoby E E, Jacklin C N. The Psychology of Sex Differences. Redwood City: Stanford University Press, 1974.

[28] 希庭. 人格心理学. 杭州: 浙江教育出版社, 2002.

[29] Argyriou A, Maurer A, Pontil M. An algorithm for transfer learning in a heterogeneous environment// Daelemans W, Goethals B, Morik K. Machine Learning and Knowledge Discovery in Databases. Berlin: Springer, 2008: 71-85.

[30] Caruana R. Multitask learning. Machine Learning, 1997, 28(1): 41-75.

第 4 章　个体心理特征计算

根据研究对象的规模不同，心理学研究可以分为针对个体心理特征的研究与针对群体心理特征的研究。其中，个体心理特征主要可以包括人格、心理健康、主观幸福感等。本章将介绍我们在利用网络大数据预测个体心理特征领域所取得的研究成果。

4.1　人　格　计　算

人格（personality）是心理科学领域中的重要研究课题。传统的人格测量方法主要是通过自陈量表的方式来进行。但是，由于自陈量表需要用户人工填写，难以实现针对大规模用户的实时测量，需要得到改善。近年来，随着社会媒体（例如，Facebook）的兴起，有研究开始尝试利用用户的社会媒体行为来预测其自身的人格，并已经获得了理想的预测效果。但是，在以 Twitter 和微博为代表的新兴媒体上，相关研究还有待继续深入。此外，在相关研究中，所探讨的社会媒体行为模式比较单一，这限制了预测效果的改善。

鉴此，我们以新浪微博为研究平台，通过探讨更为丰富的社会媒体行为模式来尝试建立一个基于微博数据分析的人格预测模型。

4.1.1　人格研究的理论依据

1. 人格

人格是心理科学领域中的重要研究课题[1]，旨在探究共同心理现象在个体身上所表现的差异性[2]。作为一种特质型心理变量，人格涵盖了个体稳定的行为模式与内部心理过程，它科学地解释了存在于人与人之间的稳定的个性化差异，并且能够与个体（例如，幸福感、生理健康、心理健康）、人际（例如，同伴、家庭、伴侣关系的质量）、社会（例如，职业选择、职业满意度、职业绩效、社会参与、犯罪行为、政治意识形态）等多个研究层面上的结果变量同时保持着稳定的预测关系[3]。因此，对人格的研究是心理学中一个基础的研究范畴。

2. 人格测量

与其他科学领域相同，研究一个变量的首要前提是对其进行有效的测量。因此，人格测量是人格研究的前提基础。作为内隐变量，人格不能直接进行测量，它需要通过外显的指标（行为样本）来进行间接的测量[4]，即所谓的人格测验。人格测验是测量一个行为样本的系统程序[5]，通过测量少数有代表性的行为来对人格做出推论以及量化的一种科学手段。具体来说，测验首先需要测量所有行为领域的一个样本，然后依据一套系统程序，对测量行为进行编制、施测、评分以及解释，即形成标准化测验。对人格测验的效果好坏，心理学分别利用信度和效度来进行评价。信度是指一种测量工具的测评结果的稳定性程度；效度是指一种测量工具的测评结果的有效性程度，一般是通过计算新研制的测量工具的测评结果与一种已经成熟的同类测量工具的测评结果之间的相关系数来衡量新研制的测量工具的效度水平。

关于人格测量，运用最为广泛的方法就是自陈量表[6]。所谓自陈量表，是指根据需要测量的人格特征编写与之相对应的项目，然后要求被试根据自己的实际情况或感受来评价其与项目描述的符合程度，从而最终对用户的人格特征进行评定的方法。目前，测量人格的自陈量表有很多种，其中较为著名的问卷是基于"五因素人格模型"理论的大五人格问卷。

"五因素人格模型"理论和大五人格问卷从五个维度来描述个体的人格：神经质（neuroticism）、外向性（extraversion）、开放性（openness）、宜人性（agreeableness）与尽责性（conscientiousness），见表4.1所示。

表 4.1 "五因素人格模型"的结构

五因素维度	五因素子维度
神经质	焦虑、愤怒的敌意、抑郁、自我意识、冲动、脆弱
外向性	热情、合群性、武断性、能动、寻找刺激、积极情绪
经验的开放性	幻想、美学、情感、行动、观念、价值
宜人性	信任、坦率、利他主义、顺从、谦虚、敏感
尽责性	能力、规则、尽职、成就、自律、谨慎

3. 人格测量的发展

由于自陈量表需要用户人工填写，难以有效实现针对大规模用户的实时测量，因此需要得到进一步的完善。

近年来，互联网技术发展迅猛，网络日益成为人们生活必不可少的一部分。根据 Miniwatts 营销集团 2012 年的一项调查显示，到 2012 年底，全世界有 22 亿的网民，接近世界人口的三分之一。更重要的是，互联网正在改变人们的传统生活方式[7]。特别是最近十年，随着互联网应用的大量出现（例如，搜索引擎、在线电子书、社交网站、图片分享网站、微博等），众多传统的日常行为需求（社会沟通、信息获取、在线消费与娱乐等）都已经能够在互联网这个虚拟世界里得到表达和满足。

而在中国，截至 2012 年 12 月底，网民达到 5.64 亿，占据中国总人口的 42.1%，平均每天网民上网时间超过了 10 个小时。中国社会已经迈入了网络社会。在众多的网络应用中，微博在我国的发展最为迅速。微博最早起源于国外的社会媒体 Twitter，其在国内的快速兴起始于 2010 年，新浪、腾讯等大型门户网站都相继开设了微博服务。随后，其他网站（例如，人人网、开心网等）也对其自身的服务进行改版，开始仿照微博的形式。从 2010 年底到 2011 年 6 月底，我国的微博用户增幅达 208.9%。据报道，截至目前，新浪微博平台（中国最流行的微博平台）的用户量超过了 3 亿，平均每天有 1 亿的微博更新量。微博已经成为网民获取、传播、分享信息以及互动的新媒介。

由于用户的网络行为数据具有海量性、丰富性、客观性与可获得性等优点，因此被众多研究者看做是心理学研究的天然实验室。

互联网的飞速发展与社会媒体（例如，微博）的兴起给人格测量方法的改善提供了新的契机。有研究开始尝试利用用户的社会媒体行为（例如，Facebook）来预测其自身的人格，并已经获得了理想的预测效果。但是，在以 Twitter 和微博为代表的新兴媒体上，相关研究还有待继续深入。此外，在相关研究中，其所探讨的社会媒体行为模式比较单一，这限制了预测效果的改善。

4.1.2 基于微博数据分析的人格预测

鉴于相关研究的不足，我们开展了基于微博行为分析的人格预测研究，即以新浪微博为研究平台，通过探讨更为丰富的社会媒体行为模式来尝试建立一个基于微博行为的人格预测模型。

1. 技术路线

基于微博数据分析的人格预测研究主要分为四个步骤：数据获取、特征提取、特征选取以及模型训练。

（1）数据获取

用户数据共分为两个部分：用户的微博数据与人格测验分数。本研究基于新浪微博平台，通过新浪微博的 API 下载用户的微博数据，并通过填写在线问卷的方式来获取用户的人格测验分数。

（2）特征提取

本研究根据新浪微博平台的特点，对用户的微博数据进行特征提取，包括动态行为特征与静态行为特征。其中，对动态行为特征，本研究按天和周为单位分别提出了两种粒度的动态行为特征提取思路，最终共计提取 845 和 795 个动态行为特征。

（3）特征选取

本研究利用 StepWise 方法对提取到的特征进行进一步的特征选取。

（4）模型训练

本研究基于特征选取的结果分别建立针对各人格维度测验分数的连续值预测模型以及针对各人格维度的高低得分组的分类预测模型。

具体如图 4.1 所示。

2. 研究实施

（1）数据获取

我们采集了 547 个微博用户的数据，包括大五人格问卷的测验分数与微博数据，并在此基础上对微博数据进行特征提取与特征选取。

（2）特征提取

特征提取是机器学习领域的传统难题，提取到特征的泛化能力的好坏将会直接影响模型的训练效果。根据具体应用场景，结合传统的心理学研究方法，我们将行为特征划分为静态行为特征与动态行为特征。其中，静态行为特征主要是指具有长期稳定性的微博使用行为特征，它随时间推移变化较小；而动态行为是指随时间推移变化较大的微博使用行为特征。

静态行为特征主要从微博用户的个人详细信息、话题、标签以及统计计数中提取，具体包括了四个大类：用户的微博属性、用户的自我展示行为、用户的自我保护行为、用户的社交行为。其中，用户的微博属性指的是微博用户的人口统计学信息（例如，性别、所在城市与省份等）；用户的自我展示行为指的是用户对于自我形象的在线描述与维护（例如，微博用户名的文字长度、中文字符长度在微博用户名中所占的百分比、个人主页上自我描述部分的文字长度等）；用户的自我保护行为指的是用户的安全信息设置，反映了用户对个人隐私的保护倾向（例如，通过设置过滤掉陌生人对自己账户的评论）；用户的社交行为指的是用户与其他不同用户进行互动交流的状况的统计（例如，好友数、粉丝数、转发微博类别等）。

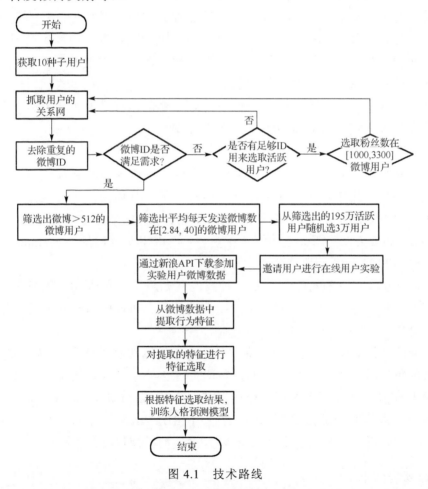

图 4.1 技术路线

动态行为特征主要是对动态行为的时序特征进行描述。为了深入地挖掘其时序特征，我们分别提出了两种处理动态行为的时序特征的方法：细粒度的动态行为特征提取（按天）和基于信息论的粗粒度的动态行为特征提取（按周）。

（3）特征选取

在经过特征提取后，需要对提取到的特征进行进一步的特征选取，从而获取最好的行为特征组合，提高模型训练的效果。我们采用 StepWise 方法作为特征选取方法[8]。StepWise 方法是一种基于回归的特征筛选方法，是一种前向选择算法，即从零特征开始，算法每一步增加一个特征，在增加特征之后就进行一个验证：是否在不降低残差平方和（residual sum of squares, RSS）的前提下删除某些特征。如此循环，直到整个测试达到最大值或者这种改善的变化小于某个阈值为止。最终，利用 StepWise 方法可以使得被选取、纳入到模型中的特征所对应的变量系数均达到统计显著，而未被选取、未被纳入到模型中的特征所对应的变量系数都是统计不显著的。

对于大五人格的每个维度，无论是针对连续值预测模型还是分类预测模型的训练过程都采用 StepWise 方法进行特征选取。

（4）模型训练

本研究针对不同的观察周期，分别建立分类预测模型和连续值预测模型。分类预测模型被用来对大五人格不同维度的高低得分组用户进行区分，而连续值预测模型用来对大五人格不同维度的测验分数值进行预测。我们利用 PaceRegression 方法[9]训练连续值预测模型，而采用支持向量机（support vector machine, SVM）方法[10]训练分类预测模型。

具体来说，PaceRegression 是一种线性回归算法，用来建立因变量和自变量之间的线性关系。和传统的线性回归算法相比，PaceRegression 更适用于建立高维度回归模型，符合本研究的需求。

支持向量机（SVM）是一种监督学习算法。该算法利用核方法（kernel trick）将输入的特征映射到一个高维空间，从而训练出一个非线性模型。支持向量机模型的训练需要调优两个重要参数的取值：Gamma(g) 和 Cost(c)。为了更好地对这两个参数的取值进行调优，本研究使用 LIBSVM 工具来对上述两个参数进行网格搜索，并基于精度最优的原则对分类预测模型进行最优化。

3. 研究结果

研究结果发现，对于不同的人格维度，模型的预测精度较高。其中，连续

值预测模型的预测精度介于 0.48~0.54（预测精度值为模型预测值与人格测验
分数值之间的相关系数值），分类预测模型的预测精度介于 84%~92%。

　　此外，研究结果还发现，利用微博行为对人格进行预测的最佳观察周期（出
现最优的模型精度的时间段）一般会出现在 90 到 120 天之间。而对于不同的人
格维度，利用微博行为来预测人格也存在着难度水平的差异。例如，预测用户
的开放性维度相对容易（模型的预测精度随着观察周期的延长快速提高，30 天
后达到收敛），而预测用户的宜人性维度则相对困难（模型的预测精度随着观察
周期的延长缓慢提高，并且预测精度的变化趋势不稳定）。这与既有的研究结论
保持一致。

　　研究结果表明，利用微博行为来预测用户的人格特征是可行的，这为改善
人格测量方法提供了新的视角。由于研究所收集的微博数据是客观的，同时模
型的预测精度较高，因此基于微博行为分析的人格预测方法能够克服传统人格
测量方法的不足（例如，数据追踪困难、资源消耗巨大、测验效率低下），从而
为人格研究提供有力的研究工具，并且为其他相关研究领域提供有益的借鉴。

4.2　心理健康计算

　　心理健康（mental health）是人类健康的重要组成部分[11]。当前，心理健
康问题（尤其是抑郁问题）已经成为一个重要的公共健康问题。在现代社会中，
心理健康问题已经在全球范围内呈现出日趋严重的态势，它的存在不但对个人
有着巨大的危害，而且对整个社会也有着消极的影响。因此，需要重视现代人
的心理健康问题，并采取必要的应对措施来有效地维护人类的心理健康水平。

　　早识别、早干预是应对心理健康问题的有效措施。其中，对心理健康问题
进行早期识别是早期干预及整个心理健康问题防治过程的前提基础。但是，传
统的心理健康问题识别方法（例如，自陈量表、结构性访谈、临床诊断等）只
能服务于主动来访的需求人群，而无法做到主动去定位潜在的心理健康问题人
群，更重要的是，基于传统方法的心理健康问题识别结果的发布时间也经常会
出现严重滞后的现象，这影响了心理健康问题防治措施的有效性。

　　针对传统心理健康问题识别方法的不足，我们提出利用微博行为来预测用
户的心理健康状态（抑郁），即使用机器学习方法来构建基于微博数据分析的抑
郁预测模型，以便实现真正意义上的针对大规模群体心理健康问题的早期识别。

4.2.1　心理健康研究的理论依据

与人格类似，心理健康状态同样具有内隐性的特点，即只能借助外显的行为样本来进行间接的测量。心理学研究揭示了个人生活环境中会包含一些能够表征其自身心理特征的线索[12]，而这些线索会主要表现为行为痕迹的形式[13]。

识别心理健康状态的传统方法主要包括自陈量表、结构性访谈、临床诊断等方法。但是，这些方法都是基于"面对面"（face-to-face）的人际互动模式来实施的，无法有效实现针对心理健康问题的早期识别，需要得到改善。这些方法具有以下的局限性。

第一，只用当潜在的需求人群去主动寻求心理援助时，心理医生或者心理学工作者才能有机会评定他们的心理健康水平。换句话说，心理医生或者心理学工作者无法主动定位潜在的需求人群。

第二，传统方法的效率低下，无法实现针对大规模人群的心理健康状态的实时监控，识别结果的发布时间存在严重的时间滞后问题。由于心理健康水平会随着时间或其他因素的变化而变化，因此根据传统方法获得的心理健康状态识别结果在实际指导心理援助工作时可能会存在较大的缺陷。

当前，互联网与新兴社会媒体（例如，微博）在全球范围内得到了快速发展。由于用户的网络数据可以被主动、实时、自动地下载与分析，因此，国内外已经有研究开始探讨网络使用行为与心理健康状态之间的关系[14]。

不同的学者从网络成瘾（internet addiction，IA）、病理性网络使用（pathological Internet use，PIU）、抑郁（depression）、焦虑（anxiety）、主观幸福感（subjective well-being，SWB）等不同主题出发展开了具体的研究，其中，针对用户抑郁水平的研究尤其丰富。例如，Hu 研究发现，PIU 应该包括几种不文明的网络行为，而且这些不文明的网络行为与抑郁存在显著相关关系[15]；Van den Eijnden 等研究发现，抑郁水平与即时通信应用的使用程度存在显著相关关系[16]。但是，既有研究主要验证了网络使用行为与心理健康状态之间的相关关系，而对是否可以借助网络使用行为来预测用户的心理健康状态这一问题仍然需要进一步探讨。

鉴此，我们提出了利用微博行为来预测用户的心理健康状态的研究思路，即建立基于微博行为的心理健康状态（抑郁）预测模型，实现对用户心理健康状态的早期识别。

4.2.2   基于微博数据分析的心理健康预测

1. 技术路线

建立心理健康状态（抑郁）预测模型的技术路线如图 4.2 所示，从整体上可以划分为三个部分：数据获取、数据预处理与模型训练。

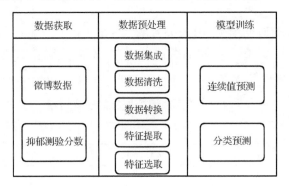

图 4.2   技术路线

（1）数据获取

数据获取的来源包括两个部分：基于自陈量表的抑郁测验分数与用户的微博数据。

（2）数据预处理

对获取的数据进行预处理，最终以微博行为特征的格式存储到数据库中。

（3）模型训练

训练基于微博数据分析的抑郁预测模型。本研究分别建立了连续值预测模型与分类预测模型。

2. 研究实施

（1）数据获取

CCPL 实验室共采集了 10102 名微博用户的数据，包括基于 CES-D 问卷的抑郁测验分数以及微博数据。具体来说，2013 年 8 月 1 日至 2013 年 8 月 15 日，本研究对 10102 名用户在线施测了 CES-D 问卷。随后，本研究以 8 月 1 日为时间节点 01，并配合四个不同长度的时间周期（0.5m、1m、2m、3m）来分别下

载这批用户的微博数据。例如，0.5m 指的是以时间节点为原点，向前倒推 0.5
个月时间的用户数据。换句话说，如果以时间节点 01（8 月 1 日）为原点，那
么 0.5m 指获取用户在 7 月 15 日至 8 月 1 日期间的微博数据、1m 指获取用户
在 7 月 1 日至 8 月 1 日期间的微博数据、2m 指获取用户在 6 月 1 日至 8 月 1
日期间的微博数据、3m 指获取用户在 5 月 1 日至 8 月 1 日期间的微博数据。

　　除了以 01 为时间节点下载用户在不同时间周期内的微博数据外，还设置了
其他的时间节点作为数据下载的时间原点：02（7 月 15 日）、03（7 月 1 日）、
04（6 月 15 日）、05（6 月 1 日）。

　　基于 5 个不同的时间节点（01~05），配合 4 个不同长度的时间周期（0.5~3m），
本研究共计可以得到 20 个不同的微博数据集，不同的微博数据集涵盖了不同的
观察周期。20 个微博数据集的时间节点与时间周期如表 4.2 所示。

表 4.2　不同微博数据集的观察周期

	3m	2m	1m	0.5m
01	8.1~5.1	8.1~6.1	8.1~7.1	8.1~7.15
02	7.15~4.15	7.15~5.15	7.15~6.15	7.15~7.1
03	7.1~4.1	7.1~5.1	7.1~6.1	7.1~6.15
04	6.15~3.15	6.15~4.15	6.15~5.15	6.15~6.1
05	6.1~3.1	6.1~4.1	6.1~5.1	6.1~5.15

（2）数据预处理

　　经过数据集成、清洗与转换后，需要在下载的微博数据上进行特征提取。
本研究除了提取行为特征（用户使用微博的行为表现）外，还提取用户的内容
特征（用户发布微博的语言使用习惯）。

　　其中，在内容特征提取方面，利用中文心理语义分析系统"文心"来对每一
个用户的每一条微博内容进行分析。具体来说，"文心"系统可以将每一句话
分解为若干个词汇（例如，"我今天好高兴"可以分解为"我"、"今天"、"好"、
"高兴"），然后根据词汇所反映的心理意义的不同将分解的词汇归入到不同的类
别中，并计算每一类词汇的使用频率。换句话说，对每一个用户而言，可以将
其所有的微博内容视为一个大文本，然后使用"文心"系统计算出每一类词汇
占总文本内容长度的百分比，而每一类词汇的百分比则被视为一个内容特征。
关于内容特征的提取，除了像总词数、平均词数、数字比例这样的语言统计类
特征（共 46 个）外，还提取了 42 个代表个体心理状态的语言使用特征。例如，

积极情绪词（posemo）（包括兴奋、高兴、满足等）、消极情绪词（negemo）（包括难过、担忧、愤怒等）、死亡词（death）（包括自杀、死等）。

　　在行为特征提取方面，我们分别提取了两类特征（静态行为特征和动态行为特征）。静态行为特征共计 45 个（见表 4.3），涉及四个部分：用户的微博属性（4 个特征）、用户的自我展示行为（18 个特征）、用户的自我保护行为（3 个特征）、用户的社交行为（20 个特征）。

表 4.3　静态行为特征列表

特征简称	特征说明
allow_all_act_msg	是否允许所有人给我发私信：0 代表不允许
allow_all_comment	是否允许所有人对我的微博进行评论：0 代表不允许
avatar_large	是否是默认头像
bi_all_follsers_count	互粉数占总粉丝人数的比例
bi_all_friends_count	互粉数占总关注人数的比例
bi_followers_count	互粉人数
bi_guanzhu_use_1	关注人群第 1 多的用户类别
bi_guanzhu_use_2	关注人群第 2 多的用户类别
bi_guanzhu_use_3	关注人群第 3 多的用户类别
bi_guanzhu_user_class_all	用户关注总类别数
city_id	所在地城市编号
created_at	注册时间离今天：2012/8/22 0:00:00
description	是否有自我描述，有，长度
description_has_wo	自我描述是否有我
Domain	域名的长度
domain_has_num	域名中是否有数字
favourites_count	收藏数
followers_count	粉丝数目
friends_count	关注数
Gender	性别：0 代表女，1 代表男
geo_enabled	是否允许带有地理信息：0 代表不允许
guanzhu_use_1	关注人群第 1 多的用户类别
guanzhu_use_2	关注人群第 2 多的用户类别
guanzhu_use_3	关注人群第 3 多的用户类别

续表

特征简称	特征说明
guanzhu_user_class_all	用户关注总类别数
is_domain_in_url	用户新浪博客域名和新浪域名是否一致
province_id	所在地省编号
re_statuse_class_all	微博转发用户总类别数
re_statuse_class_di_1	微博转发第 1 多的用户类别
re_statuse_class_di_2	微博转发第 2 多的用户类别
re_statuse_class_di_3	微博转发第 3 多的用户类别
scree_name_length	屏幕名字的长度
screen_name	屏幕名字中文占的比重
statuses_count	微博数
url	是否有新浪博客
users_tags_count_100	标签热度 0～100 数
users_tags_count_100_10000	标签热度 100～10000 数
users_tags_count_10000_-1	标签热度>10000 数
users_trends_count_100	话题热度 0～100 数
users_trends_count_100_10000	话题热度 100～10000 数
users_trends_count_10000_-1	话题热度>10000 数
Verified	是否认证：0 代表否
verified_reason	认证原因
verified_type	认证类型
yuanchuan_weibo_bili	用户所有微博中原创微博占的比例

动态行为特征的提取步骤如下所示。

首先，根据微博的更新特征（12 个特征）、"@"功能的使用特征（3 个特征）、APP 的使用特征（6 个特征）以及可记录的浏览行为特征（19 个特征）等，我们定义了 40 个初始的动态行为特征。例如，在 APP 的使用特征中，共定义了 6 个特征，包括是否使用任何的 APP、信息类 APP 的使用情况、商业类 APP 的使用情况、社交类 APP 的使用情况、娱乐类 APP 的使用情况、其他 APP 的使用情况。

其次，以"小时"和"天"作为两个时间维度来描述这 40 个初始动态行为特征的时序特征。在"小时"维度上，以 1 小时为最小的时间单位；在"天"

维度上，以 1 天为最小的时间单位。这样对任意的观察周期，都可以得到一个以"小时"和"天"为单位的二维矩阵。例如，如果观察周期的长度是 15 天，那么对每一个初始动态行为特征都可以得到一个 24（小时）×15（天）的矩阵。

再次，每个二维矩阵都能够输出五种时间序列数据，代表初始动态行为特征的时序特征：每天首次出现该行为的时间、每天该行为出现最频繁的时间、每天出现该行为的总次数、在观察周期内每小时出现该行为的次数总和（假设观察某行为的时间周期是 15 天，每天对该行为在 24 个小时中的每个小时的发生次数进行统计，最终对每个小时计算这 15 天的行为发生次数的总和）、在观察周期内该行为发生的总次数。这意味着，对每一个初始动态行为特征，都可以得到 5 个不同的时间序列值，共计可获得 200（40×5=200）个时间序列值。

最后，对每一个时间序列值，可以再进行四种计算：均值、方差、求和以及加权求和。

通过以上四个步骤，共计可获得 800（40×5×4=800）个动态行为特征，结合之前的 45 个静态行为特征，共提取到 845 个行为特征。在此基础上，结合内容特征（88 个），共计提取 933（88+845=933）个特征。

经过特征提取，此时共计可以获得 20 个 10102×933 的矩阵，其中每一行代表一个用户，每一列代表一个特征。如果再加上此前获得的抑郁测验分数，那么总共可获得 20 个 10102×934 的矩阵。因为某些用户在观察周期内不使用或者较少使用新浪微博，为了减少这些噪声数据的影响，对每一个矩阵都去除了微博总词数（WC）小于 50 的用户。鉴于巨大的维度数量会影响模型训练的运算速度，还需要进行特征选取工作，以达到降维的目的。具体来说，我们计算了每一个特征与抑郁测验分数之间的相关性，借此筛选出显著相关的特征，在此基础上进行进一步的特征选取，即利用 greedy stepwise（GS）算法进行进一步的降维。表 4.4 反映了特征选取的结果。

表 4.4　特征选取结果

观察周期	用户数量	显著相关的特征数量	经过特征选取的特征数量
01(3m)	9339	346	40
01(2m)	9221	330	35
01(1m)	8795	237	33
01(0.5m)	8136	194	41
02(3m)	9195	364	31

续表

观察周期	用户数量	显著相关的特征数量	经过特征选取的特征数量
02(2m)	9058	343	24
02(1m)	8609	278	47
02(0.5m)	7724	217	40
03(3m)	9082	404	14
03(2m)	8924	378	31
03(1m)	8514	324	42
03(0.5m)	7767	282	40
04(3m)	8922	382	13
04(2m)	8767	399	28
04(1m)	8344	337	33
04(0.5m)	7551	299	45
05(3m)	8755	357	33
05(2m)	8582	373	32
05(1m)	8095	341	48
05(0.5m)	7342	263	34

对每个矩阵中显著相关的特征，按照其相关系数的绝对值从高到低排列，选出排名前十的特征。这样，20 个矩阵就可以得到一共 200（20×10）个特征（其中有重复出现的特征）。然后，统计在这 200 个特征中重复出现次数最多的特征（见表 4.5）。而对于使用 GS 算法选取的特征，我们使用了同样的分析策略（见表 4.6），其中重复出现的特征被认为在整个特征集当中具有更大的影响权重。

从表 4.5 可以看到，aux 和 sad 与抑郁得分呈现正相关关系，这说明用户的抑郁得分越高，这类词出现在他们微博当中的频率越高。这反映了高抑郁得分用户倾向于在微博当中宣泄其负面情绪。guanzhu_user_class_all 这个特征与抑郁得分呈现负相关关系，这说明高抑郁得分用户较少关注各种类型的信息，对周围事物缺乏兴趣与动机。这种行为特点同样能够从表 4.6 当中的 sad、death 和 guanzhu_user_class_all 这三个特征体现出来。这与抑郁的临床症状相一致[17-18]。At_Friend_first_by_day_jiaquan_qiuhe、At_Friend_most_by_day_jiaquan_qiuhe、At_Friend_first_by_day_sum 和 At_Friend_most_by_day_sum 这四个特征与抑郁得分之间呈现负相关关系。这反映出高抑郁得分用户不愿意同他人进行交流，充满了孤独感[19-20]。此外，还可以看到 i 这个特征同时出现在表 4.5 和表 4.6 当中，这反映了高抑郁得分用户会尤其关注其自身并且对身边的其他人产生距离感[17,21]。

表 4.5　相关法筛选结果

特征简称	特征含义	特征数量	相关关系方向
pronoun	pronoun (you them me)	17	+
cogmech	cognitive process (understand choose doubt)	15	+
aux	anxious (unpeaceful struggle nervous)	15	+
All_At_Friend_first_by_day_jiaquan_qiuhe	the number of daily '@'	15	−
All_At_Friend_most_by_day_jiaquan_qiuhe	the number of daily '@'	15	−
All_At_Friend_first_by_day_sum	the number of daily '@'	14	−
All_At_Friend_most_by_day_sum	the number of daily '@'	13	−
i	I me myself	10	+
guanzhu_user_class_all	the number of categories in user's attention	9	−
sad	dispirited grieved agony	9	+

表 4.6　GS 法筛选结果

特征简称	特征含义	特征数量
ipron	all these else	20
we	we us our me	20
All_At_Friend_most_by_day_sum	the number of daily '@'	19
excl	cancel but except	17
sad	dispirited grieved agony	17
work	factory interview salary	17
guanzhu_user_class_all	the number of categories in user's attention	17
death	die death testament	16
bi_all_friends_count	the proportion of fans for each other	15
i	I me myself	14

（3）模型训练

针对 20 个不同的观察周期，我们利用线性回归算法建立了抑郁测验分数（CES-D）的连续值预测模型；利用逻辑回归算法建立了分类预测模型。

3. 研究结果

对连续值预测模型，模型的预测值与抑郁测验分数之间的相关系数（CC）值如表 4.7 所示。对于分类预测模型，模型的预测精度（P）如表 4.8 所示。

表 4.7　不同时间周期下的相关性

	01	02	03	04	05
3m	0.3128	0.3219	0.3142	0.2837	0.3041
2m	0.3553	0.3894	0.3479	0.3154	0.3209
1m	0.3317	0.3512	0.3618	0.3453	0.3145
0.5m	0.2538	0.3023	0.3072	0.2792	0.2963

表 4.8　不同时间周期下的准确率

	01	02	03	04	05
3m	74.68%	73.93%	70.46%	71.49%	68.97%
2m	78.71%	81.84%	75.46%	77.72%	74.37%
1m	72.41%	79.66%	76.21%	78.33%	73.49%
0.5m	63.30%	78.07%	73.41%	66.76%	74.73%

从表 4.7 中可以看到，连续值预测模型的预测值与抑郁测验分数之间的相关系数介于 0.3～0.4。CC 的最大值出现在 02（2m）观察周期（$r=0.3894$），最小值出现在 01（0.5m）观察周期（$r=0.2538$）。

从表 4.8 中可以看到，分类预测模型的预测精度介于 70%～80%。P 的最大值出现在 02（2m）观察周期（81.84%），最小值出现在 01（0.5m）观察周期（63.30%）。

研究结果表明，通过使用微博内容特征与行为特征可以预测用户的抑郁水平，预测精度较高[22-23]。

对于模型预测精度的变化趋势，还可以从纵向和横向两个方面进行进一步的分析。

在纵向方面，可以观察在同一个时间节点（01、02、03、04、05）上不同长度的时间周期所对应的预测精度（见图 4.3）。

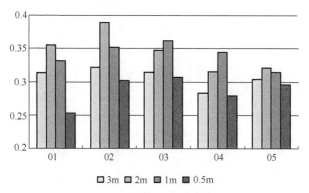

图 4.3 不同时间节点下的连续值预测精度

从图 4.3 可以看出，随着时间周期长度的增加，CC 呈现出一种倒 U 型趋势。这意味着，对于每一个时间节点，随着时间周期的延长，模型积累了越来越多的用户网络行为信息。而这些积累的信息可以被用来更好地描述微博用户的行为习惯及其背后的心理因素（例如，抑郁水平）。因此，模型的预测精度逐渐升高。最佳的时间周期长度是在一到两个月之间。然而，由于心理健康状态是一种随时间变化而变化的不稳定的变量，因此随着时间周期的进一步延长，用户的微博数据同心理健康状态之间的相关性逐渐减弱，微博数据对心理健康的预测能力逐渐减低。因此，过长的时间周期反而不利于预测微博用户的抑郁水平。对分类预测模型也可以发现类似的趋势，见图 4.4 所示。

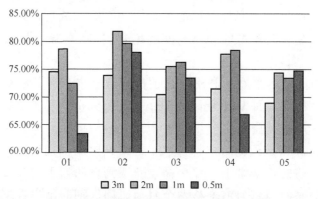

图 4.4 不同时间节点下的分类预测精度

在横向方面，对于连续值预测精度与分类预测精度，还可以观察 CC 和 P

在同一个时间周期（0.5m、1m、2m、3m）上不同的时间节点所对应的预测精
度的变化趋势。如图 4.5、图 4.6 所示。

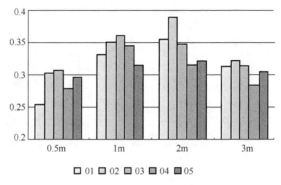

图 4.5　不同时间周期下的相关性

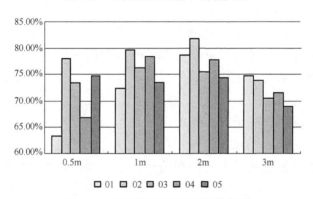

图 4.6　不同时间周期下的准确率

　　根据图 4.5 和图 4.6，我们可以看到对同一个时间周期，并不是时间节点距
离问卷填写时间越近的模型的预测精度就越高，即从 0.5m 到 3m 同样呈现出一
种倒 U 形趋势。

　　从纵向和横向方面来看，利用用户的微博数据来预测其心理健康状态（抑
郁）具有滞后性特点。而 Van den Eijnden 等的研究也发现了类似的特点，他们
发现即时通信应用的使用水平与用户 6 个月之后的抑郁情绪水平存在着显著的
相关性[16]。这意味着，预测用户抑郁水平的最佳时间周期和时间节点是：如果
想要预测用户当前的抑郁水平，那么需要获取到以从当下向前推移半个月为时
间节点，而在该时间节点向前推移两个月为时间周期的用户数据。换句话说，
如果从两个月以前开始收集用户的微博数据直到现在，那么就可以比较精确地
预测用户在半个月之后的抑郁水平。

4.3　主观幸福感计算

　　主观幸福感（subjective well-being）代表了个体对自身生活质量的整体评价。实时感知个体的主观幸福感有利于为社会管理部门的科学决策提供有力的数据支持。我们提出了利用微博行为来预测用户主观幸福感的方法，大大提升了感知个体主观幸福感的工作效率。

4.3.1　主观幸福感研究的理论依据

　　主观幸福感是指人们对其生活质量作出的情感性和认知性的整体评价。主观幸福感涵盖了幸福感、生活满意度、积极消极情感（或称情感平衡）等一系列内容。

　　对于"幸福"的研究可以回溯到公元前五百年或更早（例如，亚里士多德就将幸福作为至善的最终目标）。在物质文明不断发展的现代社会，人们逐渐意识到从精神文明的角度提升民众的心理幸福体验与发展物质文明同等重要。例如，OECD 等组织已经开展并资助了长期的研究项目来调查了解居民幸福感，我国也已经将"提升国民幸福感"写入施政蓝图。

　　心理学对"幸福"的研究是在 Seligman 和 Csikzentmihalyi 等学者提出了"积极心理学"的概念后才开始获得重视。心理学将个体对幸福的感受凝炼为主观幸福感这一概念，即个体依据自己设定的标准对其生活质量所作的整体评价。Keyes 等学者对心理学研究中关于主观幸福感的研究进行了总结[24-25]，并将主观幸福感归纳为两大模块、八个维度，具体如下。

　　1.　情感体验（emotional well-being）

　　（1）积极情绪（positive affect）：生活体验中的激情、愉悦、快乐。

　　（2）消极情绪（negative affect）：生活体验中的不愉快、不希望发生的状态。

　　2.　积极心理功能（positive functioning）

　　（1）自我认同（self acceptance）：对自我的积极态度，对过往的生活持积极态度。

　　（2）个人成长（personal growth）：对个人的持续发展持积极态度，认为生活有潜在价值。

（3）生活目标（purpose of life）：在生活当中，感到有目标和方向感，对生活有信念。

（4）环境掌控（environmental mastery）：能够掌控复杂的环境，感到自己具有竞争力。

（5）自主性（autonomy）：自主、独立，能正确处理社会压力，以自己的标准评价自我。

（6）与他人积极关系（positive relationship with others）：与他人保有热情、可信关系，考虑他人感受。

在心理学研究的长期实践中，建立了通过自评量表的形式来对用户的主观幸福感进行评估的方法。例如，Ryff、Watson 等学者建立的主观幸福感测量工具[26]。但是，利用传统方法无法实现针对大规模用户的主观幸福感的实时感知，需要采用新的方法改善这一现状。

据此，我们提出了通过分析微博数据来预测用户的主观幸福感的方法，旨在实现针对大规模用户的主观幸福感的实时感知。

4.3.2　基于微博分析的主观幸福感预测

1. 技术路线

在社会媒体平台（微博）上，我们通过分析用户的微博数据来预测其自身的主观幸福感。该研究的科学问题是从社会媒体中提取有效的特征，并利用这些特征构建有效的预测模型。为了达到这一目标，本研究将研究问题转化为机器学习问题，即学习用户的社会媒体行为模式与其自身主观幸福感之间的关系。技术路线如图 4.7 所示。

2. 研究实施

（1）数据获取

数据获取的来源包括两个部分，即用户的微博数据与主观幸福感测验分数。我们于 2012 年 10 月招募了 1785 名活跃的微博用户（>18 岁，女性 1136 人），这些用户被要求在线填写主观幸福感问卷，并获得用户授权下载其微博数据。全体用户的微博列表在实验开展的时候，必须有不少于 500 条微博，以保证在进行后续分析时能够获得足够的数据。图 4.8 展示了参与实验的用户的年龄和主观幸福感各个维度的测验分数的分布情况。

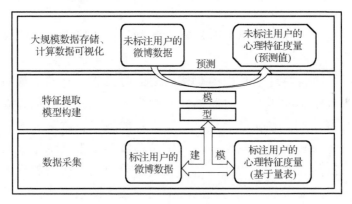

图 4.7 研究技术路线

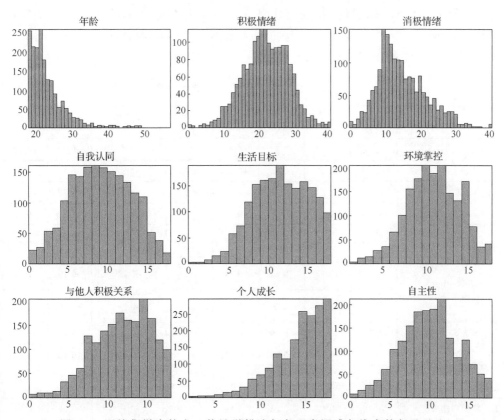

图 4.8 训练集样本的人口统计学描述与主观幸福感各维度的得分分布

（2）特征提取

本研究所提取的特征包括两个方面：行为特征，代表用户的微博使用行为模式。包括静态行为特征（用户的社交行为、用户的自我保护行为、用户的自我展示行为、用户的微博属性）与动态行为特征；内容特征，代表用户的在线语言使用习惯。

对动态特征而言，选取不同的观察周期会对状态型心理变量的预测精度产生影响，而主观幸福感就是一种状态型心理变量，因此，我们开展了预实验来确定合适的观察周期。预实验发现，以用户在线填写自陈量表的时间为时间节点，在其前后各一周的时间周期内，利用简单线性模型训练出来的主观幸福感预测模型的预测效果最佳。因此，本研究选取用户在完成自陈量表的前后各一周的时间周期内发布的微博作为预测其主观幸福感的数据基础。

（3）特征选取

本研究通过计算提取的特征与主观幸福感测验分数之间的相关性水平来进行特征选取。表 4.9 列举了一些与主观幸福感各个维度的分数具有较高相关性的特征及其相应的相关系数值。

表 4.9　用户特征值与主观幸福感各维度分数的相关性

	积极情绪	消极情绪	个人成长	生活目标	环境掌控	与他人积极关系	自主性	自我认同
L："我"的使用	−0.24	−0.13	−0.35	−0.25	−0.25	−0.24	−0.22	−0.17
B：负相关	−0.22	−0.17	−0.34	−0.25	−0.22	−0.22	−0.21	−0.16
L：代词的使用	0.24	−0.14	−0.34	−0.23	−0.25	−0.24	−0.22	−0.17
B：负相关	−0.24	−0.17	−0.34	−0.25	−0.23	−0.24	−0.22	−0.18
B：域名中包含数字（布尔）	−0.24	−0.17	−0.32	−0.23	−0.22	−0.23	−0.19	−0.17
B：用户的描述中包含"我"（布尔）	−0.24	−0.15	−0.31	−0.24	−0.24	−0.23	−0.19	−0.17
B：使用个性化的名称（布尔）	−0.22	−0.15	−0.3	−0.22	−0.21	−0.22	−0.19	−0.16
B：过去式的使用	−0.22	−0.13	−0.29	−0.21	−0.21	−0.22	−0.19	−0.17
B："我们"的使用	−0.18	−0.13	−0.28	−0.17	−0.19	−0.18	−0.18	−0.13
B：允许陌生人评论（布尔）	−0.19	−0.13	−0.26	−0.19	−0.19	−0.18	−0.17	−0.14
L：使用问题设置	−0.19	−0.12	−0.26	−0.19	−0.19	−0.19	−0.17	−0.14
L：使用分号	−0.19	−0.13	−0.26	−0.19	−0.19	−0.19	−0.16	−0.15

续表

	积极情绪	消极情绪	个人成长	生活目标	环境掌控	与他人积极关系	自主性	自我认同
B：状态信息	0.23	0.08	0.25	0.2	0.23	0.21	0.21	0.17
B：现在时态的使用	−0.16	−0.11	−0.22	−0.17	−0.16	−0.17	−0.13	−0.13
L:焦虑类单词的使用	−0.12	−0.07	−0.21	−0.18	−0.16	−0.15	−0.15	−0.1
L:朋友类单词的使用	−0.13	−0.09	−0.2	−0.15	−0.13	−0.13	−0.1	−0.09
L：矛盾词的使用	−0.18	−0.1	−0.2	−0.15	−0.15	−0.17	−0.15	−0.11
B：允许陌生人发送消息（布尔）	−0.12	−0.11	−0.2	−0.16	−0.14	−0.14	−0.12	−0.11
L：负面词的使用	−0.15	−0.09	−0.2	−0.15	−0.14	−0.16	−0.1	−0.11
D：生活地方的划分	0.2	−0.01	0.19	0.17	0.23	0.19	0.2	0.18
D：年龄	0.12	−0.05	0.13	0.11	0.23	0.18	0.21	0.15
D：性别（1 代表男性 0 代表女性）	0.11	−0.03	0.01	0.05	0.04	0.05	0.15	0.04

注：L 代表语言特征、D 代表用户人口统计学特征、B 代表社会媒体行为。

（4）模型训练

为了建立主观幸福感预测模型，CCPL 实验室共选取了 4 种机器学习算法（线性回归、非线性回归、参数回归、非参数回归），来训练连续值预测模型：

StepWise 回归，使用 F-test 来选取具有预测力的变量；

LASSO（least absolute shrinkage and selection operator），使用 L1 范数来降低过拟合的可能性，在特征选取方面具有较好的表现；

MARS（multivariate adaptive regression splines），一种非参数回归的方法；

SVR（support vector regression），使用了 RBF 核函数并选取 $c=10$。

3. 研究结果

研究结果发现，对于主观幸福感各个维度的最佳预测精度介于 0.27～0.60（模型预测分数与主观幸福感测验分数之间的相关系数）。这表明，预测模型在主观幸福感的各个维度上都取得了较好的预测效果，从而验证了通过微博数据分析能够较好地预测用户的主观幸福感，实现了针对大规模用户的主观幸福感的实时感知。

参 考 文 献

[1] McAdams D P, Olson B D. Personality development: continuity and change over the life course. Annual Review of Psychology, 2010, 61(1): 517-542.

[2] 许燕. 人格心理学. 北京: 北京师范大学出版社, 2009.

[3] Ozer D J, Benet-Martinez V. Personality and the prediction of consequential outcomes. Annual Review of Psychology, 2006, 57(1): 401-421.

[4] Chen X P, Tsui A, Farh J L. Empirical Methods in Organization and Management Research. Beijing: Peking University Press, 2008.

[5] Brown F G. Principles of Educational and Psychological Testing. Cambridge, MA: Wadsworth Pub Co, 1983.

[6] Domino G, Domino M L. Psychological Testing: An Introduction. New York: Cambridge University Press, 2006.

[7] Bargh J A, McKenna K Y. The Internet and social life. Annual Review of Psychology, 2004, 55: 573-590.

[8] Kwak N, Choi C H. Input feature selection for classification problems. IEEE Transactions on Neural Networks, 2002, 13(1): 143-159.

[9] Wang Y. A new approach to fitting linear models in high dimensional spaces. The University of Waikato, 2000.

[10] Suykens J A, Vandewalle J. Least squares support vector machine classifiers. Neural Processing Letters, 1999, 9(3): 293-300.

[11] Prince M, Patel V, Saxena S, et al. No health without mental health. The Lancet, 2007, 370(9590): 859-877.

[12] Brunswik E. Perception and the Representative Design of Psychological Experiments. Berkeley: University of California Press, 1956.

[13] Gosling S D, Ko S J, Mannarelli T, et al. A room with a cue: personality judgments based on offices and bedrooms. Journal of Personality and Social Psychology, 2002, 82(3): 379.

[14] Kosinski M, Stillwell D, Graepel T. Private traits and attributes are predictable from digital records of human behavior. Proceedings of the National Academy of Sciences, 2013, 110(15): 5802-5805.

[15] 胡志海. 大学生互联网使用行为影响因素分析. 中国公共卫生, 2008, 24(3).

[16] van den Eijnden R J, Meerkerk G J, Vermulst A A, et al. Online communication, compulsive Internet use, and psychosocial well-being among adolescents: a longitudinal study. Developmental Psychology, 2008, 44(3): 655.

[17] De Choudhury M, Counts S, Horvitz E. Predicting postpartum changes in emotion and behavior via social media. Proceedings of the SIGCHI Conference on Human Factors in Computing Systems, 2013: 3267-3276.

[18] Oxman T E, Rosenberg S D, Tucker G J. The language of paranoia. The American Journal of Psychiatry, 1982.

[19] Bessiere K, Kiesler S, Kraut R, et al. Effects of Internet use and social resources on changes in depression. Information, Community & Society, 2008, 11(1): 47-70.

[20] Selfhout M H, Branje S J, Delsing M, et al. Different types of Internet use, depression, and social anxiety: the role of perceived friendship quality. Journal of Adolescence, 2009, 32(4): 819-833.

[21] Chung C, Pennebaker J W. The psychological functions of function words. Social Communication, 2007: 343-359.

[22] Zhang F, Zhu T, Li A, et al. A survey of web behavior and mental health. Pervasive Computing and Applications (ICPCA), 2011 6th International Conference on IEEE, 2011: 189-195.

[23] De Choudhury M, Counts S, Horvitz E. Social media as a measurement tool of depression in populations. Proceedings of the 5th Annual ACM Web Science Conference, 2013: 47-56.

[24] Keyes C L, Magyar-Moe J L. The measurement and utility of adult subjective well-being. Moe, 2003.

[25] Deiner E, Suh E, Lucas R E, et al. Subjective well-being: three decades of progress. Psychological Bulletin, 1999, 125(2): 276-302.

[26] Ryff C D, Keyes C L M. The structure of psychological well-being revisited. Journal of Personality and Social Psychology, 1995, 69(4): 719.

第 5 章　群体心理特征计算

社会态度代表了群体对特定社会事件的认知、情感与行为反应。及时了解群体的社会态度有利于提升公共管理的效果。当前，针对群体社会态度的感知主要是依靠自评量表的方法来完成。该方法受社会赞许性、施测周期长、施测成本高等因素影响，无法实现大规模地实时感知群体社会态度。通过分析网络大数据可以有效地解决上述问题[1]。本章将主要介绍 CCPL 实验室通过微博数据分析来预测群体社会态度的相关研究成果。

5.1　群体社会态度计算

5.1.1　开展群体社会态度研究的必要性

群体性事件的爆发不利于社会的和谐与稳定。目前，伴随着我国改革进程的深入，改革已经触及到各种不适应社会发展的体制问题，新旧体制并存常常会造成机制或利益的冲突、矛盾，容易产生不稳定因素[2]。这些不稳定因素如果没有得到及时处理，就有可能酿成群体性事件[3]。有效预警群体性事件发生的可能性并准确预测群体事件可能产生的后果是避免群体性事件发生、升级的有效途径。

心理学研究表明，群体性事件预警需要长期调查追踪公众社会态度的变化[4]。社会态度是一段时间内弥散在整个社会或社会群体中的宏观社会心境状态，是整个社会的情绪基调、社会共识和社会价值取向的总和。社会态度透过整个社会的流行、时尚、舆论和社会成员的社会生活感受，对未来的信心、社会动机、社会情绪等得以表现；它与主流意识形态相互作用，通过社会认同、情绪感染、去个性化等机制，对社会行为者形成模糊的、潜在的和情绪性的影响[5-6]。通过对社会态度进行调查，可以及时发现各种社会不稳定因素，并提请国家有关部门及时采取措施解决问题，化社会不稳定事件于未然。因此，实时感知群体社会态度可以为有效避免社会不稳定事件的发生提供保障。

更重要的是，伴随着互联网技术的飞速发展和全球网民数量的持续增长，越来越多的群体性事件会以社会媒体（例如，Facebook、Twitter）作为其形成和传播的媒介。例如，2010 年年底至 2011 年年初，非洲国家突尼斯发生了要求总统本阿里下台的持续抗议活动，并演变为持续骚乱。总统本阿里被迫选择离开突尼斯，前往沙特避难。在阿拉伯国家，这是第一次一个政权因民众抗议而倒台。茉莉花是突尼斯国花，这次政权更迭也被称为"茉莉花革命"。2010 年 12 月 17 日，在突尼斯西迪布宰德县政府门前，26 岁的失业青年、蔬果小贩穆罕默德·巴济济因被警察扣押，痛感世道不公，在县政府门前自焚重伤送往医院。消息通过 Facebook 不胫而走，并随即引发大规模街头运动。军警的压制和随即传来的有示威者死于流弹、巴济济最终不治等消息，激发了更强烈的怒火。2011 年 1 月 14 日晚，本阿里不辞而别，流亡沙特阿拉伯。曾被认为是非洲政治最安定国家之一的突尼斯，就这样在短短几个月内换了天地。

2012 年 9 月，美国有网民仿效茉莉花革命，透过 Twitter 发起"占领华尔街"行动，号召约 2000 人士在华尔街扎营露宿，迅速获得全球响应，包括香港都有人声援。运动起因是民众因金融海啸承受经济不景之苦，并对金融业的贪婪不满。运动很快演变为"占领全球"的运动，蔓延至 82 个国家共 951 个城市。

因此，需要特别关注如何利用社会媒体平台来实现针对群体社会态度的实时感知。由此，我们提出了通过分析微博数据来预测群体社会态度的方法。

5.1.2　基于微博数据分析的社会态度预测

1. 技术路线

本研究的技术路线遵循"自下而上"的层次化结构准则，各个层次保持相对独立（见图 5.1）。

（1）数据层

数据层以获取用户微博数据、建立本地的微博数据仓库和社会态度指标知识库为目的。

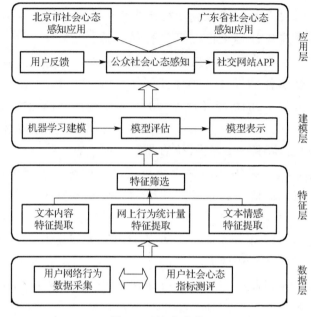

图 5.1　技术路线

（2）特征层

将数据仓库中的数据进行噪声过滤，并通过特征提取将非结构化的粗数据转换为计算机可读的结构化向量。本研究将提取行为特征与内容特征。在此基础上，对特征进行选取，保留对主观幸福感预测贡献度大的特征。

（3）建模层

利用多种不同的机器学习算法，分别建立主观幸福感预测模型。

（4）应用层

将预测结果进行可视化展示，并投放到网站应用平台中。此外，利用北京发生的相关事件，验证预测结果的可靠性，并分析事件前后微博用户群体社会态度的变化趋势；利用广东省的宏观经济指数，验证其与地方经济满意度的相关性，以评估模型预测效果。同时，收集用户反馈意见，一方面用于改进应用的可视化效果，另一方面用于改进模型的预测精度。

2. 研究实施

（1）数据获取

一方面，利用新浪微博的 API 接口下载用户的微博数据；另一方面，利用

《城乡居民社会态度问卷》[7-8]测量群体社会态度。该自陈量表可以准确测量群体在 14 个社会态度指标上的表现，包括生活满意度、收入满意度、社会地位满意度、中央政府满意度、地方政府满意度、中央政府信任度、地方政府信任度、国家经济满意度、地方经济满意度、社会风险判断、社会公平满意度、愤怒情绪、集群效能、集群行为意向。数据获取流程如图 5.2 所示。

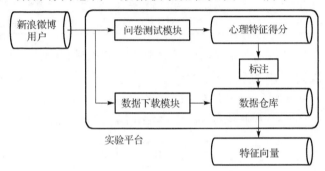

图 5.2　实验平台的工作流程

本研究共计收集到广东省的 2018 名微博用户的数据。表 5.1 展示了被试的人口统计学信息。

表 5.1　被试的人口统计学信息

人口信息	类别	被试数量	所占比例
政治面貌	无党派	370	18.33
	民主党派	2	0.10
	团员	1424	70.56
	中共党员	222	11.00
教育程度	小学以下	4	0.19
	小学	5	0.25
	中学	766	37.96
	大学	1221	60.51
	大学以上	22	1.09
宗教信仰	有	1464	72.55
	无	554	27.45

（2）特征提取

特征提取主要包括行为特征提取与内容特征提取两个部分。行为特征共计包含 29 个特征，分为 4 大类（见表 5.2）。

表 5.2　行为特征列表

特征组别	特征数量	举例
用户的微博属性	4	家乡（省，市），性别，注册日期
用户的自我展示行为	7	用户名和自我描述长度，域名和博客名是否相同
用户的自我保护行为	7	评论可见性，认证类型，域名是否为默认名
用户的社交行为	11	好友数，粉丝数，互粉数，原创微博比例

内容特征是利用"文心"中文心理语义分析系统来进行特征提取的（见图 5.3）。"文心"系统将微博用户的所有微博内容视作用户的个人语料库。在将用户的个人语料库分解为一系列词汇后，"文心"系统按照自身集成的 90 个心理分析词典，对分解的词汇进行词类统计分析，最终获得用户的内容特征。

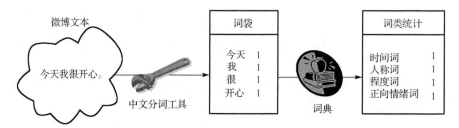

图 5.3　"文心"系统的工作流程

（3）模型训练

CCPL 实验室提出了增量多任务回归的算法，即采用多任务学习，借鉴增量回归的局部建模策略，对社会态度的多个维度进行预测。本研究分别利用线性回归、神经网络和增量多任务回归的算法进行建模。

多任务学习的主要目标是在同一场景下，采用多个任务共同学习的策略来提高性能，以超越单一任务学习的效果。

假设有 T 个回归任务，对每个任务 t，都有一个独立的训练集合 $\{(x_{tn}, y_{tn})\}$，$t = 1, 2, \cdots, T$，$n = 1, 2, \cdots, N$。其中，$(x_{tn}, y_{tn}) \in X \times Y$ 代表任务 t 中第 n 个实例标签对，N 表示任务实例的个数（假设所有任务拥有相同的实例数目），$\boldsymbol{X} \subseteq R^d$，$\boldsymbol{Y} \subseteq R^T$。假设每个样本表示为列向量，则

$$\boldsymbol{Y} = \begin{bmatrix} y_{11} & y_{12} & \cdots & y_{1N} \\ y_{21} & y_{22} & \cdots & y_{2N} \\ \vdots & \vdots & & \vdots \\ y_{T1} & y_{T2} & \cdots & y_{TN} \end{bmatrix}, \quad \boldsymbol{X} = \begin{bmatrix} x_{11} & x_{12} & \cdots & x_{1N} \\ x_{21} & x_{22} & \cdots & x_{2N} \\ \vdots & \vdots & & \vdots \\ x_{d1} & x_{2N} & \cdots & x_{dN} \end{bmatrix}$$

多任务学习的目标是通过样本来预测 $T \times d$ 的传递矩阵

$$\boldsymbol{W} = \begin{bmatrix} w_{11} & w_{12} & \cdots & w_{1d} \\ w_{21} & w_{22} & \cdots & w_{2d} \\ \vdots & \vdots & & \vdots \\ w_{T1} & w_{T2} & \cdots & w_{Td} \end{bmatrix}$$

通常 $T < d$。其中，$y_{ij} = \boldsymbol{W}_{i\cdot} \cdot \boldsymbol{X}_{\cdot j} = \sum_h w_{ih} \cdot x_{hj}$。这种情况下，多任务学习的目标就是通过训练模型，找到使预测值和标注值之差最小的传递矩阵，也就是

$$\boldsymbol{W} = \arg\min \{ L(x, y, \boldsymbol{W}; 1:T) + \lambda \Omega(\boldsymbol{W}) \}$$

其中，$L(x, y, \boldsymbol{W}; 1:T)$ 代表训练样本中预测的经验损失函数，$\Omega(\boldsymbol{W})$ 是正则化函数，λ 为正则项系数，通常为正。

本实验采用最小平方损失和弗罗贝尼乌斯范数（Frobenius norm）的方法进行建模计算。此时有

$$L(x, y, \boldsymbol{W}; 1:T) = \boldsymbol{Y} - \hat{\boldsymbol{Y}} = \sum_{t=1}^{T} \sum_{n=1}^{N} (y_{tn} - \hat{y}_{tn})^2 = \sum_{t=1}^{T} \sum_{n=1}^{N} \left(y_{tn} - \sum_h w_{ih} x_{hj} \right)^2$$

$$\Omega(\boldsymbol{W}) = \|\boldsymbol{W}\|^2 = \mathrm{tr}(\boldsymbol{W}^{\mathrm{T}} \cdot \boldsymbol{W})$$

上式进行变形得到

$$\boldsymbol{W} = (\lambda \boldsymbol{I} + \sum_n \boldsymbol{x}_n \boldsymbol{x}_n^{\mathrm{T}})^{-1} (\sum_n \boldsymbol{x}_n \boldsymbol{y}_n^{\mathrm{T}})$$

增量回归是一种使用多个线性模型，拟合复杂非线性问题的方法（算法 5.1），具有普适性好和时间复杂度低等特点。

算法 5.1　增量回归算法

算法：增量回归算法		
输入：样本集 $(X \mid Y)$，误差阈值 e_0，最小样本数 n；		
1：定义：	样本队列：对样本集的特征进行归一化并排序；	
2：	模型队列：[模型参数，定义域]；	
3：	点数组：若干个样本点的集合	
4：REPEAT		
5：	对样本队列中下一个点计算测试误差；	
6：	WHILE（测试误差小于误差阈值）	
7：	将该点放入点数组；	
8：	重新拟合模型，模型 = Regression（点数组）；	

9:	%多任务回归则采用"模型 ＝ Multi_Task_Regression（点数组）；"
10:	对样本队列中下一个点计算测试误差；
11:	将模型和定义域保存至模型队列；
12:	清空点数组；
13:	输出：模型队列；　　　　%算法的返回值。

　　增量回归首先对样本集合进行排序，选取少量点进行局部建模。随后用这个局部模型对新的训练样本进行测试。当测试误差超过阈值时，则理解为模式的跳变，并把当前模型保存重新执行算法。此方法可将复杂的模式通过多个简单的模型表达出来，在处理非线性问题时能显示出极强的优势。然而在建模过程中，其参数需要严格控制。

　　首先，面对排序策略的不同，模型的效果可能差距极大。通常情况下，根据归一化样本的模从小到大排序。其次，建模的最小样本数 n 也会对结果产生很大影响。若 n 的值过大，则模型退化为线性回归；若 n 过小，则局部模型的准确度降低。一般而言，可设置 n 的值为训练集样本的维数，如一个在两维空间中的回归问题，n 可设置为 2。

　　增量拟合虽然可以处理非线性问题，但它只能对各个任务分别建模。在处理多任务学习的过程中，无法考虑任务间的共享关系。结合算法特性和本研究的需求，我们将二者融合，兼顾多任务学习保留与任务间共享信息，和增量拟合以局部线性方法拟合非线性问题的策略建模。也就是，修改增量拟合算法中第八行内容"模型=Regression（点数组）"为"模型=Multi_Task_Regression（点数组）"。

　　本研究分别采用线性回归、神经网络和增量多任务回归的算法，并使用 5 倍交叉验证法进行建模。

3. 研究结果

　　表 5.3 展示了模型的预测误差率和预测精度（模型预测值与主观幸福感测验分数之间的相关系数）。

表 5.3　不同社会态度预测模型的皮尔逊相关系数和预测误差率

模型算法	皮尔逊相关系数	误差率
线性回归	0.11～0.25	21.5%
神经网络	0.21～0.45	19.75%
增量多任务回归	0.39～0.47	17.17%

对比不同算法的性能可以发现，基于增量多任务回归算法的社会态度预测的平均正确率较高，达到了 82.83%，相关系数达到 0.39～0.47 的中等相关。

为了进一步验证模型的预测精度，本研究还计算了广东省各个城市的地方经济满意度与该区域的宏观经济指标的相关性系数[9]。具体来说，先求出各个城市在 2012 年的平均地方经济满意度的排名，再通过查询广东省统计年鉴（http://www.gdstats.gov.cn/tjnj/2013/index.html/）中关于广东省各市 2012 年的宏观经济指数的数值排名，计算两个排名序列的相关系数，结果见表 5.4。

表 5.4　2012 年广东省宏观经济指标与地方经济满意度的相关系数

经济指标	地方经济满意度
1. 国内生产总值	0.15
2. 国内生产总值增长率	0.41
3. 人均生产总值	0.66**
4. 农业总产值	0.58**
5. 粮食产量	0.45*
6. 水稻产量	0.43
7. 甘蔗产量	0.39
8. 花生产量	0.49*
9. 蔬菜产量	0.60**
10. 生猪年末存栏头数	0.59**
11. 肉猪出栏头数	0.58**
12. 猪肉产量	0.58**
13. 社会消费品零售总额	0.45*
14. 批发零售贸易业零售额	0.44*
15. 在岗职工人数	0.19
16. 在岗职工收入	0.09
17. 在岗职工人均收入	0.51*

* $p<0.05$。

** $p<0.01$。

结果显示，地方经济满意度与多个经济指标具备显著的正相关。例如，人均生产总值（$r=0.66$），农业总产值（$r=0.58$），粮食产量（$r=0.45$），花生产量（$r=0.49$），蔬菜产量（$r=0.60$），生猪年末存栏头数（$r=0.59$），肉猪出栏头数（$r=0.58$），猪肉产量（$r=0.58$），社会消费品零售总额（$r=0.45$），批发零售贸易业零售额（$r=0.44$）以及在岗职工人均收入（$r=0.51$）。

本研究还利用微博数据的可回溯性，尝试通过模型的预测结果来描述某一特定地区群体社会态度随时间的变化情况。图 5.4 描述了中山市 2012 年 2 月至 2013 年 2 月在生活满意度（LS）、收入满意度（IS）、社会地位满意度（SPS）、地方经济满意度（LES）、国家经济满意度（NES）和社会公平满意度（SJS）等多个维度上的变化情况。

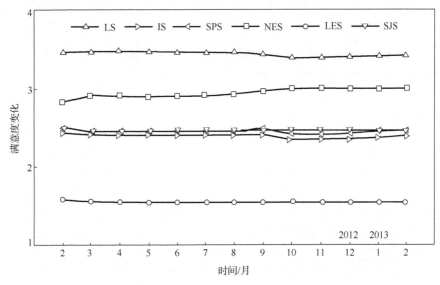

图 5.4　中山市社会满意度变化曲线

5.2　北京市微博用户社会态度研究

基于既有研究成果，我们进一步利用微博数据分析方法对北京市微博用户的社会态度进行案例研究，以此彰显微博分析方法的实际利用价值。

5.2.1　数据获取

本研究收集了 76779 名活跃的北京微博用户的数据。其中，女性用户数量 45592 人，占 59.38%；男性用户 31187 人，占 40.62%（见图 5.5）。平均微博年龄（自微博注册之日起算）为 3.54 岁。

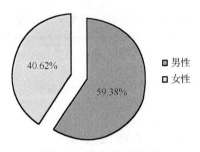

图 5.5　样本性别比例

　　被试分布在北京市的 18 个区。各区人口（2013 年常住居民）、面积以及被试在各区县单位的分布情况见表 5.5 与表 5.6。

表 5.5　北京市各区人口信息与微博用户信息

区	人口/万	面积/km^2	样本数	女性	男性	女性比	男性比
昌平	44	1352	1449	802	647	55.35	44.65
朝阳	156	471	27634	16693	10941	60.41	39.59
崇文	41	17	1398	862	536	61.66	38.34
大兴	54	1031	1000	610	390	61.00	39.00
东城	63	25	10734	6309	4425	58.78	41.22
房山	75	2019	560	356	204	63.57	36.43
丰台	84	304	3814	2286	1528	59.94	40.06
海淀	168	426	17203	9789	7414	56.90	43.10
怀柔	27	2128	193	137	56	70.98	29.02
门头沟	24	1455	206	125	81	60.68	39.32
密云	42	2226	158	99	59	62.66	37.34
平谷	39	1075	134	87	47	64.93	35.07
石景山	34	86	1199	680	519	56.71	43.29
顺义	55	1016	675	419	256	62.07	37.93
通州	63	912	1528	910	618	59.55	40.45
西城	79	32	6495	3946	2549	60.75	39.25
宣武	57	17	2274	1413	861	62.14	37.86
延庆	27	2000	125	69	56	55.20	44.80

表 5.6　城区与郊区的对比情况

地区	人口/万	面积/km^2	样本数	女性	女性比例
城区	682	1378	70751	41978	59.33
郊区	450	15214	6028	3614	59.95

5.2.2　北京市微博用户的月度情绪分析

　　表 5.7 展示了 2014 年 9 月北京各区微博用户的情绪词月平均使用频次表。图中显示，北京市微博用户的正向情绪词使用频次高于负向情绪词使用频次。

表 5.7　2014 年 9 月北京各区微博用户的情绪词月平均使用频次表

区	正向情绪词	负向情绪词
昌平	26.30	14.79
朝阳	24.57	13.39
崇文	26.97	13.59
大兴	29.99	15.80
东城	29.49	16.76
房山	30.74	17.51
丰台	27.49	15.57
海淀	28.06	15.84
怀柔	36.66	28.36
门头沟	32.56	15.78
密云	25.84	15.43
平谷	49.89	16.08
石景山	27.38	15.22
顺义	28.29	14.72
通州	25.74	15.06
西城	26.73	14.75
宣武	28.66	17.05
延庆	28.91	18.79

　　本研究还进一步比较了城区和郊区对情绪词使用频次的不同（见图 5.6）。图中显示，北京郊区的微博用户情绪词使用频次高于城区用户。其中，郊区用

户人均正向情绪词使用频次比城区用户高 4 次/月，负向情绪词使用频次比城区
用户高 2 次/月。

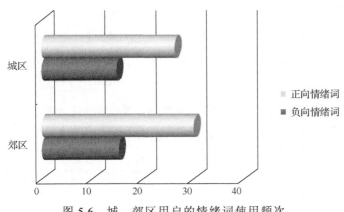

图 5.6　城、郊区用户的情绪词使用频次

5.2.3　北京市微博用户的季度社会态度分析

为了描绘群体的社会态度变化曲线，本研究基于特征集的时空分割概念来
对特征进行有效分块，随后再对不同分块进行预测，最终得到社会态度的动
态变化趋势。图 5.7 即为特征集时空分割的方法（图中展示了朝阳区 2013 年
11 月的特征分块）。在空间维度上，将把样本集按照用户区县属性分成 18 个
子块；在时间维度上，将按月份分为 13 个子块（2013 年 10 月至 2014 年 9 月）。
这样共计可以得到 18×13 个特征分块。对每个分块进行预测，再将所有分块
的预测结果融合，即可得到各区县在 2013 年 10 月至 2014 年 9 月的社会态度
变化情况。

图 5.7　特征时空分割方法

　　建立起来的预测模型可以计算群体在以下 14 个社会态度指标上的表现：生活满意度、收入满意度、社会地位满意度、中央政府满意度、地方政府满意度、中央政府信任度、地方政府信任度、国家经济满意度、地方经济满意度、社会风险判断、社会公平满意度、愤怒情绪、集群效能和集群行为意向。表 5.8～表 5.11将所选时间段按季度划分为四个子时段，并着重考察城区郊区用户之间社会状况满意度的不同。

表 5.8　2013 年第四季度北京城郊居民社会状况满意度

指标	城郊	2013.10	2013.11	2013.12	均值	同比增长
生活满意度	郊区	2.95	2.92	2.93	2.93	—
	城区	3.00	2.98	2.98	2.99	—
收入满意度	郊区	1.62	1.56	1.59	1.59	—
	城区	1.73	1.71	1.71	1.71	—
社会地位满意度	郊区	1.81	1.74	1.78	1.78	—
	城区	1.83	1.80	1.79	1.81	—

表 5.9　2014 年第一季度北京城郊居民社会状况满意度

指标	城郊	2014.01	2014.02	2014.03	均值	同比增长
生活满意度	郊区	2.84	2.89	2.87	2.87	−2.05%
	城区	2.91	2.94	2.90	2.91	−2.68%
收入满意度	郊区	1.45	1.57	1.63	1.55	−2.52%
	城区	1.58	1.70	1.70	1.66	−2.92%
社会地位满意度	郊区	1.51	1.63	1.71	1.62	−8.99%
	城区	1.58	1.69	1.69	1.65	−8.84%

表 5.10　2014 年第二季度北京城郊居民社会状况满意度

指标	城郊	2014.04	2014.05	2014.06	均值	同比增长
生活满意度	郊区	2.87	2.83	2.78	2.83	−1.39%
	城区	2.89	2.86	2.83	2.86	−1.72%
收入满意度	郊区	1.62	1.59	1.59	1.60	3.23%
	城区	1.68	1.67	1.69	1.68	1.20%
社会地位满意度	郊区	1.67	1.64	1.60	1.63	0.62%
	城区	1.64	1.64	1.61	1.63	−1.21%

表 5.11 2014 年第三季度北京城郊居民社会状况满意度

指标	城郊	2014.07	2014.08	2014.09	均值	同比增长
生活满意度	郊区	**2.73**	**2.68**	*2.73*	2.72	−3.89%
	城区	**2.80**	2.80	*2.84*	2.81	−1.75%
收入满意度	郊区	**1.46**	**1.36**	*1.42*	1.41	−11.88%
	城区	**1.61**	**1.57**	*1.59*	1.59	−5.36%
社会地位满意度	郊区	**1.55**	**1.47**	*1.51*	1.51	−7.36%
	城区	**1.58**	**1.56**	**1.54**	1.56	−4.29%

本研究中，社会状况满意度包括生活满意度、收入满意度和社会地位满意度三个指标。表 5.8～表 5.11 展示了城郊用户季度社会状况满意度的详细数据。其中，各个月份的数据同期提高用斜体表示，降低用加粗显示，不变则为正常字体；均值为该季度三个月的平均值；同比增长为该季度较上一个季度社会状况指标得分均值的增长比例，正为上升，负为下降。由表 5.8～表 5.11 可见，被测时间段内的居民社会状况满意度基本处于下跌走势，除了 2014 年 2 月和 9 月，其他月份持续下跌，个别季度的负增长率甚至超过了 10%。除了社会地位满意度在 2014 年 3 月和 4 月的指标外，其他指标的各个时段得分均为城区高于郊区。可见，在对于自我社会状况的态度上，城区用户比郊区用户更满意。

参 考 文 献

[1] Kosinski M, Stillwell D, Graepel T. Private traits and attributes are predictable from digital records of human behavior. Proceedings of the National Academy of Sciences, 2013, 110(15): 5802-5805.

[2] 花蓉, 付春江. 社会转型期群体性事件产生的心理原因探析. 江西师范大学学报: 哲学社会科学版, 2005, 38(2): 94-97.

[3] 张明军, 陈朋. 2011 年中国社会典型群体性事件的基本态势及学理沉思. 当代世界与社会主义, 2012, 1: 28.

[4] 王二平, 张本波, 陈毅文, 等. 社会预警系统与心理学. 心理科学进展, 2003, 11(4): 363-367.

[5] 杨宜音. 个体与宏观社会的心理关系: 社会心态概念的界定. 社会学研究, 2006, 4:

117-131.

[6] 马广海. 论社会心态: 概念辨析及其操作化. 社会科学, 2008(10): 66-73.

[7] Zhang S W, Zhou J, Wang E P. The antecedents of group relative deprivation and its effects on collective action: empirical research on the people of Wenchuan earthquake area. Journal of Public Management, 2009, 6(4): 69-77.

[8] 郑昱, 赵娜, 王二平. 家庭收入与生活满意感的动态关系检验: 基于某省 21 县市 2004～2010 年的面板研究. 心理科学进展, 2010, 18(7): 1155-1160.

[9] Clark A E, Westerg\a ard-Nielsen N, Kristensen N. Economic satisfaction and income rank in small neighbourhoods. Journal of the European Economic Association, 2009: 519-527.

第 6 章　自杀风险预测

6.1　自杀风险预测研究的理论依据

自杀是一个严重的社会问题和公共卫生问题，需要进行深入研究。社区范围内传统自杀评估方法主要采用问卷、自陈量表等，大规模运用时需要耗费较大的成本且时效性有所欠缺。更重要的是，有研究表明，在中国有很多具有自杀风险的个体并不主动寻求帮助，这使得现有依赖于自我报告的评估和筛查方法难以找到一些隐藏的高自杀风险者。随着人们越来越多地在虚拟网络平台中吐露真实的感受和观点（目前，微博等社会媒体已经成为用户自我表达的主要途径），其中也包含了与自杀有关的表达。因此，有学者开始关注如何通过分析社会媒体数据来预测自杀风险。我们认为通过对微博数据进行分析，旨在达成两个目标：第一，验证存在对自杀风险具有鉴别力的微博特征，以及通过微博特征预测自杀风险的可能性；第二，验证通过微博行为和内容特征识别具有高自杀可能性的个体具有可行性，利用预测模型进行初筛，结合传统的研究方法，可以在一定程度上提升大规模实时评估个体自杀风险的效率。

对于存在自杀风险的个体，自杀预防工作往往是一个长期的过程，需要对个体的自杀风险进行持续评估[1]。Matt 等在 1988 年提出了经典的过程模式[1]。该模式将自杀危险因素分为三类，即首要危险因素（包括曾有自杀史、心境障碍、绝望）、次要危险因素（包括物质滥用、人格或行为障碍）、外部因素（包括家庭功能、自杀披露、自杀支持、生活压力、同性恋倾向）。将自杀风险因素结合测量数据、临床判断与对自杀现状的调查可以对病人进行渐进的持续评估。

传统自杀风险评估的理念是归纳具有高自杀风险人群的特征。有众多学者从人口统计学信息、个体的生理和心理特质等多个方面研究了高自杀风险因素。例如，有研究发现，患有生理或者心理疾病的个体（如罹患癌症、AIDS、抑郁症等）具有较高的自杀风险[2-4]；高自杀风险与特定的人格特质之间（如易激惹性）具有极高的关联性[5-6]；此外，特定年龄组的人群（如老人，尤其是农村的老人，以及青少年）也是自杀的高危人群而需要得到格外的关注[7-9]。

在我国，近年来有越来越多的研究机构、团体和个人对自杀学研究给予了高度重视，开展了针对自杀评估、预防、干预等一系列研究工作。目前，对于临床和社区范围内的个体进行自杀风险评估的主要方法包括以下几种。

（1）根据已有研究结果，在社区中锁定具有高风险的人群并对他们进行密切关注。例如，李献云等通过对自杀未遂患者的社会人口学特征、生活事件、家庭状况等问题进行调查，探讨了我国女性人口自杀率显著高于男性的原因，建议基层和社区工作人员及时向妇女（尤其是农村妇女）提供支持并加强教育，化解家庭矛盾并缓和女性潜在的应激行为模式[10]。

（2）采用自陈量表的方法进行评估。我国现阶段比较常用的自杀风险评估量表主要来源于国外原版量表的翻译和本土化修订。李献云等修订了贝克自杀意念量表的简体中文版并测试了其在我国社区内成年人群中的信效度，发现了量表对于评估个体最消沉、最忧郁和自杀倾向严重时期的效果最好[11]。此外，梁瑛楠等翻译并修订了简体中文版的自杀可能性量表，并验证其在我国大学生群体中具有很好的信效度[12]。

（3）精神卫生机构和组织开通心理危机咨询干预热线，对求助的来访者进行访谈和危机评估。例如，北京心理危机研究与干预中心开通了全国 24 小时心理危机热线电话服务，为具有自杀风险的求助者提供心理援助。到 2014 年，这条热线已经开通 12 年，接听了 21 万次电话，其中包括 7000 次有高危自杀倾向的电话。

以上方法在我国自杀干预和预防工作中被普遍使用，并取得了一些显著成效。然而，这些常规的自杀风险评估方法也存在一些缺点和局限性，具体如下。

（1）尽管自杀风险的影响因素具有广泛的研究基础，但由于每个人的影响因素都不一样，运用一系列因素的叠加去识别个体的自杀风险是非常困难的[13-14]。

（2）问卷、访谈、量表等评估方法虽然针对个体的探讨比较深入，但是由于实施过程中的时效问题，其与实际的干预工作之间往往存在着时间差，在大批量运用于社区的时候常会耗费大量的人力成本和时间成本，更难以对大量的个体进行长时间的追踪[15]。

（3）有研究表明，在中国有很多具有自杀风险的个体并不主动寻求帮助[16]。这意味着现有的依赖于自我报告的评估和筛查方法无法有效找到一些隐藏的高自杀风险者。自杀研究在新的时期亟需创新性的研究方案。

6.2　基于微博数据分析的自杀风险预测关键技术研究

6.2.1　基于社会媒体的自杀风险预测研究

语言是了解人类的媒介，个体使用语言和词语的内容和方式向周围人流露出有关自己是什么样的人，以及自己所处的社会关系怎样等信息[17]。语言不仅能体现个体相对稳定的一面，还能反映个体相对短暂的、状态性的一面。作为线上文本，微博等社交网站中的文本同线下文本一样，也能够显露出个体的身份、所处的社会关系、情感表达等重要信息。有研究表明，具有自杀意念的人群撰写的线上与线下文本在特征上存在很高的一致性[18]，因而通过线上文本分析开展自杀风险评估工作具有研究基础和可行性。

国内外均有学者认识到通过社会媒体开展基于网络的心理健康状态乃至自杀风险研究的前景，并且进行了一些积极的尝试。学者们从不同视角归纳了网络自杀相关信息的特点，以及网络自杀研究的趋势、机遇和挑战[19-20]。有的研究者从群体层面尝试了使用社交网络分析自杀风险。例如，Vincent 等的研究表明，通过社交网络可以更快地找到一些特殊群体中（如青年同性恋者）的高自杀风险个体，从而及时地为他们提供心理援助。此外，也有学者开始探讨运用社交网络中的文本分析方法挖掘用户的心理健康状态，乃至自杀风险水平。张金伟和李隆利用情感词典、关键词识别算法等技术针对微博文本开展了网民心理健康评估的研究。Wang 等根据语言规则创建词库分析单条微博的潜在抑郁倾向，再通过用户语言、行为方面的特征建立抑郁探测模型，该模型具有一定的准确性。Jashinsky 等通过对大量 Twitter 文本进行分析来评估文本的自杀风险因素，锁定有自杀风险的用户群，将他们的分布同地理划分区域内自杀发生率进行匹配，发现两者具有较好的相关性。Li 等通过分析一名自杀青少年的新浪微博数据，发现其在一些特定词语类别上的使用与其他用户不同（例如，第一人称单数使用频率更高）。另外，也有一些研究致力于基于网络的自杀干预应用，取得了一些初步的效果[21-23]。然而由于自杀研究本身的困难，不论是国内还是国外的研究，通过社交网络的用户文本分析进行自杀风险评估和预警总体来说都还处在初级阶段。

6.2.2　基于微博数据分析的自杀风险预测的关键问题研究

为了探讨基于微博数据分析的自杀风险预测的关键技术，解决"可能性"和"可行性"两个核心科学问题，本课题共提出三项研究（见图 6.1）。

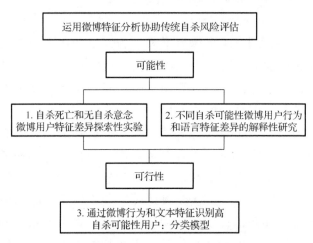

图 6.1　基于微博数据分析的自杀风险预测研究的框架

其中，研究 1 和研究 2 作为自杀风险预测的探索性研究，着重解决"可能性"问题；研究 3 则实践基于微博数据分析的自杀风险预测方法，着重解决"可行性"问题。

研究 1 探讨新浪微博的网络识别自杀死亡用户与一般无自杀意念的新浪微博用户在特定的微博行为和内容特征上的差异性。随着社会媒体报道的及时性和网络的迅速传播，一些被确认为自杀死亡的微博用户在媒体曝光其用户账号后，往往会有大量的网友前往追忆，引发关注热潮。美国国立精神卫生研究所自杀预防中心将自杀阶段划分为三个过程：自杀意念，自杀尝试和自杀死亡[1]。网络识别自杀死亡用户处于自杀阶段的最终形态，属于确定具有极端自杀风险的群体，因而他们在微博上保留下来的行为和内容特征对于研究个体的自杀风险具有很大的价值，即网络识别自杀死亡用户与无自杀意念用户在新浪微博上的特定行为及内容特征上可能会存在差异。

如果说研究 1 是关注处于自杀阶段的两个极端的群体（已经自杀死亡和无自杀意念），研究 2 则更加关注处于中间阶段的更普遍的微博人群的自杀风险，比较处于较高风险的人群和较低风险的人群之间的微博行为和语言差异性。由于在研究 1 和研究 2 中，待检验群体差异的微博行为特征和内容特征集合是完全相同的，这两个研究最终得到的具有显著差异的特征子集之间也可以进行互相比较。从理论上来讲，研究 1 得到的特征子集应该包含更多的特征，并且至少应当与研究 2 得到的特征子集有部分重合。

　　研究 3 则从应用的角度出发探讨利用基于微博数据的自杀风险预测方法来实现针对网络用户自杀风险的大规模预测的可行性。一方面，研究使用标准的自杀风险量表（suicide probability scale）标注一部分新浪微博用户的自杀风险水平；另一方面，采用多种机器学习算法，使用微博行为和内容特征集，建立新浪微博用户的自杀风险分类预测模型，目标是将新浪微博用户中的高风险个体从其他用户中正确地识别出来，达到可接受程度的识别效果，并将模型的预测效果与人工评定效果进行比较。

6.2.3　网络识别自杀死亡用户与无自杀意念用户的新浪微博特征差异研究

1.　研究对象

　　网络识别自杀死亡用户群体的收集工作主要依靠新浪微博专业人士的帮助。通过媒体报道，我们与新浪微博的官方认证名人账号"逝者如斯夫 dead"（长期关注自杀死亡者的微博账号，在确定其已经死亡之后，就会利用微博做一个死亡播报，介绍死者信息及死亡原因，并对死者表示悼念，见图 6.2、图 6.3）取得联系。在其知情同意的情况下，从其微博中筛选出被描述为自杀死亡的微博用户账号。在每一个疑似自杀死亡账号的微博主页中，又从至少 3 名被该账号关注的微博用户留言里再次确认该账号所有者是因自杀死亡。以这样的方法，截止到 2014 年 5 月，共计收集到自杀死亡的微博用户账号 35 个。为了减少研究的偏倚，又从中排除了逝者为外国人 1 人、ID 由经纪人代理 1 人、逝者为认证名人 1 人、逝者原创微博数过少（小于 20 条）1 人。

　　无自杀意念用户群体通过自陈量表来进行筛选。研究使用了如下的量表并制定了相应的筛选标准。

图 6.2 "逝者如斯夫 dead"对一名自杀微博用户的描述

> 从今天起，我的微博将会永远的关闭，再见各位！
> 2011-12-1 17:30 来自微博 weibo.com
>
> 收藏　　　　转发 32　　　　評論 1020　　　　👍15

图 6.3 一名网络识别自杀死亡用户的最后一条微博

（1）贝克自杀意念量表中文版（scale for suicide ideation, SSI）。该量表共 19 个项目，其中项目 4、5 得 1 分则判定为没有自杀意念而提前结束问卷，且总分越低自杀意念越低[11]。如果用户做到项目 5 结束则通过量表筛选。

（2）自杀可能性量表中文版（suicide possibility scale, SPS）。该量表共 36 个项目，4 点计分，总分越高自杀风险越大[12]，如果用户得分低于 50 分则通过量表筛选（自杀可能性量表中文版目前还没有中国常模，根据刘国华等（2012）对国内 6794 名大学生的测试结果，将得分低于 50 作为较为严格的筛选标准之一）。

（3）抑郁自陈量表（self-rating depression scale, SDS）。该量表共 20 个项目，4 点计分，分数越高抑郁倾向越大[24]。如果用户得分小于 53 则判定为没有抑郁倾向，作为辅助标准通过量表筛选。

研究共向 1500 名新浪微博用户发放了问卷，在获得参与者知情同意的前提下，回收问卷 1385 份，筛选出无自杀意念用户 91 人。为了进一步避免实验偏倚，我们从中保留发布公开微博数大于 100 条的用户 52 人；同时为了避免"实验者效应"，从中剔除 22 名与研究人员有社交关系的用户，最终筛选出符合对照组标准的新浪微博活跃用户 30 名（男 15 人，女 15 人）。

2. 描述统计

自杀死亡组生前公开发表微博数：中位数（M）为 316.0，四分位间距（QR）为 1216.0；平均活跃天数：中位数（M）为 198.0，四分位间距（QK）为 162.2。无自杀意念对照组用户截止到数据收集时刻公开发表微博数：中位数（M）为 932.0，四分位间距（QR）为 915.8；平均活跃天数：中位数（M）为 471.5，四分位间距（QR）为 197.3。

以上数据表明，自杀死亡组和对照组在生前或现阶段都有较深程度的微博使用，并且有一定的在线社交水平。

3. 新浪微博行为特征组间差异分析

K-S 正态性检验结果表明，在 10 种新浪微博行为特征中，"微博原创率"、"集体关注度"、"夜间活跃度"和"社交活跃度"4 个特征服从正态分布（$P<0.05$）。因而对这些特征采用独立样本 t 检验，结果显示，自杀死亡组和无自杀意念组在"社交活跃度"特征上差异具有统计学意义，自杀死亡组的社交活跃度要显著低于无自杀意念组；其余 3 种行为特征的组间差异没有统计学意义（见表 6.1）。

表 6.1　自杀死亡用户和无自杀意念用户行为中符合正态分布的 4 项特征对比

行为特征	自杀死亡组（n=31）	对照组（n=30）	t 值	p 值
微博原创率	0.47±0.26	0.55±0.20	−1.28	0.205
集体关注度	0.07±0.05	0.06±0.02	1.10	0.275
夜间活跃度	0.17±0.10	0.19±0.08	−0.68	0.499
社交活跃度	0.14±0.13	0.42±0.16	−7.52	<0.001**

注："集体关注度"单位是个/篇，其余特征值为比率数据。
** $p<0.01$。

对余下 6 种新浪微博行为特征进行 Mann-Whitney U 秩和检验，结果显示，自杀死亡组的"微博链接率"、"微博互动率"和"自我关注度"与对照组的差异具有统计学意义：自杀死亡组的"微博链接率"低于无自杀意念组；自杀死亡组的"微博互动率"低于无自杀意念组，自杀死亡组的"自我关注度"高于无自杀意念组。其余 3 种行为特征的组间差异没有统计学意义（见表 6.2）。

表 6.2　自杀死亡用户和无自杀意念用户行为特征中不符合正态分布的 6 项特征对比

行为特征	自杀死亡组（n=31）		对照组（n=30）		U 值	W 值	Z 值	p 值
	M	QR	M	QR				
自我描述长度	13	15.0	9	7.2	374.0	839.0	−1.32	0.188
微博链接率	0.04	0.08	0.06	0.08	314.0	810.0	−2.18	0.029*
微博互动率	0.60	0.54	0.69	0.36	313.0	809.0	−2.19	0.028*
自我关注度	0.47	0.50	0.30	0.20	268.0	751.0	−2.58	0.010*
积极表情使用率	0.04	0.08	0.04	0.06	445.5	941.5	−0.28	0.778
消极表情使用率	0.07	0.20	0.09	0.14	384.5	88.05	−1.16	0.245

注：M 中位数，QR 四分位间距；U，Mann-Whitney U；W, Wilcoxon W "自我描述长度" 单位是字节数，"自我关注度""微博互动率" 和 "积极/消极表情使用率" 单位是个/篇，其余特征值为比率数据。

　　* $p<0.05$。

4. 新浪微博内容特征组间差异分析

K-S 正态性检验结果表明，在心理词典的 88 种内容特征中，有 61 类内容特征的特征值服从正态分布（$P>0.05$）。对这些特征采取独立样本 t 检验，结果显示，自杀死亡组和对照组在"代名词"（如他、你们、在下）、"特定人称代名词"（如你、在下、他们）、"第三人称单数"（如他、她）、"非特定人称代名词"（如一切、这些、其他）、"数量单位词"（如条、头、只）、"社会历程词"（如家人、接纳、打招呼）、"焦虑词"（如不安、挣扎、紧绷）、"排除词"（如取消、但是、除外）、"性词"（如上床、性欲、裸体）和"宗教词"（如上帝、慈悲、信仰）这 10 类内容特征值上的差异具有统计学意义。

具体来说，自杀死亡组对代名词的使用多于无自杀意念组、自杀死亡组对特定人称代名词的使用多于无自杀意念组、自杀死亡组对第三人称单数词的使用多于无自杀意念组、自杀死亡组对非特定人称代名词的使用多于无自杀意念组、自杀死亡组对数量单位词的使用少于无自杀意念组、自杀死亡组对社会历程词的使用多于无自杀意念组、自杀死亡组对焦虑词的使用多于无自杀意念组、自杀死亡组对排除词的使用多于无自杀意念组、自杀死亡组对性词的使用多于无自杀意念组、自杀死亡组对宗教词的使用多于无自杀意念组（见表 6.3）。差异不具有统计学意义的其余 51 类特征未列出。

表 6.3　自杀死亡用户和无自杀意念用户内容特征中符合正态分布的特征对比

内容特征	自杀死亡组（n=31）	对照组（n=30）	t 值	p 值
代名词	6.20±2.96	4.22±1.09	3.44	0.001**
待定人称代名词	4.46±2.35	2.76±0.97	3.67	0.001**
第三人称单数	0.30±0.21	0.20±0.11	2.30	0.025*
非特定人称代名词	0.96±0.49	0.70±0.15	2.80	0.007**
数量单位词	1.50±0.59	1.85±0.67	−2.20	0.032*
社会历程词	4.23±2.27	3.12±1.40	2.29	0.025*
焦虑词	0.20±0.15	0.11±0.07	2.75	0.008**
排除词	2.25±1.12	1.77±0.36	2.22	0.030*
性词	0.15±0.11	0.09±0.04	3.03	0.004**
宗教词	0.16±0.11	0.10±0.04	2.62	0.011*

注：特征值均为词语使用频率百分数。

* $p<0.05$。

** $p<0.01$。

接下来对剩余的 27 类新浪微博内容特征进行 Mann-Whitney U 秩和检验。结果表明，自杀死亡组在"第二人称单数"（如你、您）、"人类词"（如人民、成员、群众）、"消极情绪词"（如担忧、猜疑、嫉妒）、"愤怒词"（如可恶、抱怨、破坏）、"悲伤词"（如心痛、沮丧、无力）、"工作词"（如工厂、面试、薪水）、"死亡词"（如亡故、自杀、遗嘱）和"省略号"（…）这 8 类词语的使用频率上与对照组差异具有统计学意义。自杀死亡组对第二人称单数词的使用多于无自杀意念组、自杀死亡组对人类词的使用多于无自杀意念组、自杀死亡组对消极情绪词的使用多于无自杀意念组、自杀死亡组对愤怒词的使用多于无自杀意念组、自杀死亡组对悲伤词的使用多于无自杀意念组、自杀死亡组对工作词的使用少于无自杀意念组、自杀死亡组对死亡词的使用多于无自杀意念组、自杀死亡组对省略号的使用少于无自杀意念组（见表 6.4）。差异不具有统计学意义的 19 类内容特征未列出。

表 6.4　新浪微博自杀死亡用户和无自杀意念用户内容特征中不符合正态分布的特征对比

内容特征	自杀死亡组（n=31）		对照组（n=30）		U 值	W 值	Z 值	p 值
	M	QR	M	QR				
第二人称单数	0.99	0.68	0.59	0.20	196.0	661.0	−3.88	<0.001**
人类词	0.90	0.46	0.65	0.18	255.0	720.0	−3.03	0.002**

续表

内容特征	自杀死亡组（n=31）		对照组（n=30）		U 值	W 值	Z 值	p 值
	M	QR	M	QR				
消极情绪词	0.59	0.44	0.38	0.16	230.0	695.0	−3.39	0.001**
愤怒词	0.12	0.22	0.06	0.04	281.0	746.0	−2.65	0.008**
悲伤词	0.15	0.16	0.07	0.06	162.0	627.0	−4.37	<0.001**
工作词	0.33	0.26	0.45	0.42	292.0	788.0	−2.50	0.013*
死亡词	0.16	0.14	0.11	0.08	269.0	734.0	−2.83	0.005**
省略号	0.02	0.08	0.08	0.20	302.5	798.5	−2.35	0.019*

注：M 中位数，QR 四分位间距；U，Mann-Whitney U；W，Wilcoxon W，所有特征数据均为使用频率百分数。

* $p<0.05$。

** $p<0.01$。

根据研究结果，我们共得到了能够将自杀死亡用户与一般无自杀意念用户区分开来的 4 种微博行为特征和 18 种微博内容特征，具体如下。

（1）行为特征集：社交活跃度、微博链接率、微博互动率、自我关注度。

（2）内容特征集：代名词、特定人称代名词、非特定人称代名词、第二人称单数、第三人称单数、数量单位词、社会历程词、焦虑词、排除词、性词、宗教词、人类词、消极情感词、悲伤词、愤怒词、工作词、死亡词、省略号。

6.2.4　不同自杀可能性水平新浪微博用户行为和内容特征差异研究

本研究旨在验证新浪微博中具有较高自杀风险的群体与具有较低自杀风险的群体之间在微博行为和内容特征上存在差异及自杀死亡用户与无自杀意念用户之间的有差异特征子集要比较高自杀风险用户与较低自杀风险用户之间的有差异特征子集包含更多特征，且两个子集要包含相同的元素。

1. 研究对象

研究对象是目前正在使用新浪微博的较为活跃的普通用户。为了区分普通用户的自杀可能性水平，需要招募一部分用户填写与自杀风险有关的自陈量表，并将他们分组。招募的方法包括以下三种。

（1）使用中国科学院心理研究所计算网络心理学课题组的官方微博账号"心理地图 PsyMap"（当前有超过 5000 名关注者）发布招募信息（见图 6.4），感兴趣的用户可以直接通过点击网页链接进入微博应用"心理地图"。

图 6.4　"心理地图 PsyMap"微博账号公开招募信息

（2）邀请心理学界的微博认证名人帮助推广招募信息。例如，邀请了中国科学院心理研究所的张侃研究员在其微博账号"心理学张侃"（当前关注者人数超过 88 万）下转发了上述的招募信息（见图 6.5）。

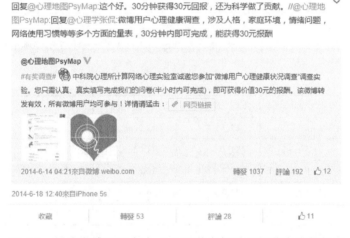

图 6.5　新浪微博认证名人"心理学张侃"对招募启事的转发

（3）使用其他微博账号直接在用户主页中留言邀请。

通过这样的方式，自 2014 年 5 月至 2014 年 7 月，共招募了 1196 名新浪微博用户参与网络问卷调研，其中有 1040 名用户的问卷填写有效。为了遵守伦理准则以及避免实验偏倚，从中剔除了未满 18 周岁的用户以及存在相同 IP 地址填写多次的用户问卷，最终保留 982 名用户的数据作为样本库。

2. 用户的人口统计学信息

982 名被试的人口统计学信息如表 6.5 所示。可以看到，样本中女性人数要略多于男性；样本中以 18～25 岁的年轻人居多，大于 35 岁的成年人最少；高自杀可能性和低自杀可能性的用户群在不同年龄段的分布比较一致。

表 6.5　被试的人口统计学信息

	所有用户	高分组用户	低分组用户
女性（人）	608（61.9%）	277（62.1%）	331（61.8%）
男性（人）	374（38.1%）	205（38.2%）	205（38.2%）
平均年龄	24.2±4.9	24.2±4.9	24.2±4.9
18～25 岁（人）	737（75.1%）	326（73.1%）	411（76.7%）
26～35 岁（人）	215（21.9%）	109（24.4%）	106（19.8%）
大于 35 岁（人）	30（3.0%）	11（2.5%）	19（3.5%）

3. 用户的 SPS 量表分数的分布

全体样本的 SPS 总分以及在四个 SPS 分量表中的得分分布如表 6.6 所示。

表 6.6　被试的 SPS 量表分数的分布

项目	全体（n=982）	男性（n=374）	女性（n=608）	t 值	p 值
敌意	13.0±2.5	12.7±2.4	13.2±2.6	−3.07	0.002
自杀意念	11.5±3.2	11.3±3.1	11.7±3.3	−1.92	0.055
负性自我评价	20.5±4.4	20.7±4.4	20.5±4.4	0.68	0.496
绝望	24.6±4.7	25.0±4.7	24.4±4.7	2.05	0.041
总分	69.7±11.9	69.6±11.5	69.7±12.1	−0.10	0.919

全体男性样本在敌意分量表的得分低于全体女性样本，差异具有统计学意义（$p<0.01$）；全体男性样本在绝望分量表的得分高于全体女性样本，差异具有统计学意义（$p<0.05$）。男性和女性在自杀可能性总分以及其他分量表的得分上均不存在显著的差异（$p>0.05$）。

4. 用户的自杀可能性水平与行为/内容特征的相关分析

用户新浪微博行为或内容特征与用户自杀可能性水平（高/低）之间的二列相关分析结果如表 6.7 所示（只报告了 5 种相关系数达到统计学意义的特征）。

表 6.7　与自杀可能性量表得分显著相关的行为和内容特征

行为或内容特征名	相关系数	p 值
社交活跃度	−0.082	0.010
夜间活跃度	0.081	0.011
第三人称单数词	0.077	0.016
否定词	0.066	0.040
未来词	−0.073	0.023

在微博行为中，用户的社交活跃程度与自杀可能性水平负相关；而用户的夜间活跃程度与自杀可能性水平正相关。在微博文本中，用户使用第三人称单数词、表否定意义词语的频率与自杀可能性水平正相关；而用户使用表未来意义词语的频率则与自杀可能性水平负相关。

5. 高/低自杀可能性用户的行为特征差异

依据 K-S 检验结果，所有 10 种新浪微博行为都不服从正态分布（$p<0.05$），所以我们对所有行为特征作 Mann-Whitney U 秩和检验。结果显示，高自杀可能性用户和低自杀可能性用户在"社交活跃度"、"集体关注度"、"夜间活跃度"这 3 种行为特征上的差异达到统计学意义（$p<0.05$）。高自杀可能性用户的社交活跃度低于低自杀可能性用户；高自杀可能性用户的集体关注度低于低自杀可能性用户；高自杀可能性用户的夜间活跃度高于低自杀可能性用户。秩和检验的结果如表 6.8 所示。

表 6.8　不同水平自杀可能性用户行为特征差异性检验

行为特征	高自杀可能组（n=446）		低自杀可能组（n=536）		U 值	W 值	Z 值
	M	QR	M	QR			
社交活跃度	0.22	0.26	0.27	0.24	106960.0	206641.0	−2.84
集体关注度	0.05	0.04	0.06	0.04	104536.5	204217.5	−3.39
夜间活跃度	0.17	0.13	0.15	0.12	108919.0	252835.0	−2.40

注：M 中位数，QR 四分位间距；U，Mann-Whitney U；W，Wilcoxon W。

6. 高/低自杀可能性用户的内容特征差异

依据 K-S 检验的结果，微博内容特征中只有"功能词"、"时态标定词"、"其他标点符号词" 3 类特征值符合正态分布（$p>0.05$）。对这 3 类内容特征进行独立样本 t 检验，结果显示，高自杀可能性用户和低自杀可能性用户在 3 类特征上的差异均没有达到统计学意义（$p>0.05$）。接下来我们把剩余 85 类作 Mann-Whitney U 检验，结果见表 6.9。

表 6.9　不同水平自杀可能性用户内容特征差异性检验

内容特征	高自杀可能组（$n=446$）		低自杀可能组（$n=536$）		U 值	W 值	Z 值	p 值
	M	QR	M	QR				
死亡词	0.12	0.07	0.11	0.06	109677.5	−2.23	−2.23	0.026
未来词	0.08	0.07	0.10	0.08	105328.0	−3.21	−3.21	0.001

注：M 中位数，QR 四分位间距；U，Mann-Whitney U；W，Wilcoxon W。

从中可以看出高自杀可能性用户和低自杀可能性用户在"死亡词"（例如，亡故、自杀、遗嘱）和"未来词"（例如，之后、即将、将来）的使用频率差别达到统计学意义（$p<0.05$）。高自杀可能性用户对死亡词的使用频率多于低自杀可能性用户；高自杀可能性用户对未来词的使用频率少于低自杀可能性用户。

在研究 2 中，共计得到了能够将高自杀可能性的用户与低自杀可能性的用户区分开来的三种微博行为特征和两种微博内容特征。

（1）行为特征集：社交活跃度、集体活跃度、夜间活跃度。

（2）内容特征集：死亡词、未来词。

同研究 2 相比，研究 1 所得到的特征集中包含的元素更多；两个研究中得到的特征集包含相同的元素（社交活跃度、死亡词）。因而，可以认为研究假设得到了验证，"可能性"问题得到了回答，即确实存在一些特定的新浪微博特征，能够鉴别不同阶段、不同水平的自杀可能性个体。

6.2.5　通过新浪微博特征预测用户自杀风险水平——分类预测模型研究

研究 3 将回答"可行性"问题。研究 3 需要验证的假设是：使用新浪微博的特定行为和内容特征集，采用分类预测模型可以将微博用户中具有高自杀风险的用户从其他用户中识别出来，可以达到较高的识别准确性，并且通过模型对高自杀风险用户进行初筛可以比完全人工评定节省工作量。

1.　研究对象

研究 3 中新浪微博用户的总体样本集来源于研究 2 的招募。研究 2 通过初筛（去除了未成年人和相同 IP 地址重复填写的情况），保留了 982 名用户。在此基础上，为了避免由于用户微博数过少而导致有些类别的微博特征值无法提取影响分类效果，即"地板效应"，我们又进一步从样本集中只保留了发布公开微博数大于 100 条的用户。最终用于研究 3 数据分析的用户样本有 909 名，其中女性 561 名，男性 348 名。

CCPL 实验室对所有被试施测自杀可能性量表（suicide probability scale）。该量表可以用来帮助判定 14 岁以上青少年及成年人的自杀风险。先前的研究表明，自杀可能性量表可以在社区范围内运用于个体自杀风险评估和自杀预防工作等[25-26]。在此基础上，辽宁师范大学的梁瑛楠等（2010）翻译了简体中文版并检验了量表的信效度。我们使用的量表包含了 36 个 1-4 分评分的自我报告题目。参与评估的个体会得到一个自杀可能性的总分，以及在四个分量表（敌意、自杀意念、负性自我评价、绝望）上的分数。由于自杀可能性量表是内容相关的，并且与外在创建的一系列自杀风险指标高度相关，因而在自杀可能性量表上得分较高的个体需要接受进一步的专业检查，或者需要其亲友来参与风险评估。由于目前自杀可能性量表在中国新浪微博群体中还没有常模，我们的做法是将采集到的个体样本作为全集，将自杀可能性总分（或每个分量表得分）超过全集的平均值+1 个标准差的用户标定为高自杀可能性用户。

2.　用户的人口统计学信息

绝大部分的被试是年龄低于 35 岁的成年人（873/909, 96%）。表 6.10 总结了全体样本集在自杀可能性量表的总分及四个维度上的得分分布情况，以及高、中、低自杀可能性的分组情况。

表 6.10　自杀可能性量表得分及分组情况

（分）量表名	平均分	高自杀可能性划分 >标准线（n, %）	低自杀可能性划分 <标准线（n, %）
自杀可能性总分	69.4±11.8	>81 144, 15.8%	<58 125, 13.8%
敌意	13.0±2.5	>15 137, 15.1%	<11 142, 15.6%

（分）量表名	平均分	高自杀可能性划分 >标准线（n, %）	低自杀可能性划分 <标准线（n, %）
自杀意念	11.5±3.2	>14 156, 17.2%	<9 94, 10.3%
负性自我评价	20.5±4.4	>24 173, 19.0%	<17 166, 18.3%
绝望	24.6±4.7	>29 135, 14.9%	<20 110, 12.1%

　　每一个训练集（包含 80%的高自杀可能性用户和 80%的低自杀可能性用户）的规模描述如下：量表总分的训练集为 216 人、敌意分量表的训练集为 224 人、自杀意念分量表的训练集为 201 人、负性自我评价分量表的训练集为 272 人、绝望分量表的训练集为 196 人，每一个测试集的规模都是 181 人（包含 20%的高、中、低自杀可能性用户）。可以看到，不论对于自杀可能性量表的总分还是组成的四个分量表，划分为高自杀可能性组和低自杀可能性组的用户数量在一定程度上维持平衡，均保持在 10%～19%。

3. 分类预测模型结果评估：总体自杀风险

　　对总体自杀风险的三种分类预测模型结果如表 6.11 所示。

表 6.11　总体自杀风险分类预测模型结果

模型名	试次	准确率	召回率	F1 值	筛选效率
决策树	1	0.14	0.50	0.22	0.44
	2	0.15	0.43	0.22	0.54
	3	0.18	0.64	0.29	0.46
	4	0.13	0.43	0.20	0.50
	5	0.18	0.64	0.29	0.46
逻辑回归	1	0.13	0.50	0.20	0.38
	2	0.14	0.54	0.23	0.42
	3	0.23	0.79	0.35	0.46
	4	0.13	0.50	0.21	0.41
	5	0.19	0.79	0.31	0.36
随机森林	1	0.13	0.57	0.21	0.32
	2	0.18	0.75	0.29	0.34
	3	0.20	0.82	0.32	0.36
	4	0.16	0.64	0.26	0.38
	5	0.15	0.64	0.24	0.33

从中可以看到，就总体模型效果而言，三种分类预测模型的差异不大；逻辑回归和随机森林稍微优于决策树模型。对决策树模型，准确率的波动范围在0.13~0.18，召回率的波动范围在 0.43~0.64，F1 值的波动范围在 0.20~0.29，筛选效率的波动范围在 0.44~0.54（其中包含所有模型试次中的最大值 0.54）；对逻辑回归模型，准确率的波动范围在 0.13~0.23（其中包含所有模型试次中的最大值 0.23），召回率的波动范围在 0.50~0.79，F1 值的波动范围在 0.20~0.35（其中包含所有模型试次中的最大值 0.35），筛选效率的波动范围在 0.36~0.46；对随机森林模型，准确率的波动范围在 0.13~0.20，召回率的波动范围在 0.57~0.82（其中包含所有模型试次中的最大值 0.82），F1 值的波动范围在 0.21~0.32，筛选效率的波动范围在 0.32~0.38。

4. 分类预测模型结果评估：敌意维度

对敌意的三种分类预测模型结果如表 6.12 所示。

表 6.12　敌意分类预测模型结果

模型名	试次	准确率	召回率	F1 值	筛选效率
决策树	1	0.17	0.59	0.27	0.49
	2	0.14	0.48	0.22	0.50
	3	0.14	0.52	0.22	0.45
	4	0.19	0.67	0.30	0.47
	5	0.16	0.59	0.25	0.44
逻辑回归	1	0.12	0.30	0.17	0.62
	2	0.16	0.37	0.22	0.65
	3	0.18	0.52	0.26	0.56
	4	0.16	0.44	0.24	0.60
	5	0.21	0.70	0.33	0.50
随机森林	1	0.14	0.56	0.22	0.40
	2	0.17	0.67	0.27	0.42
	3	0.14	0.48	0.21	0.47
	4	0.12	0.44	0.18	0.42
	5	0.14	0.52	0.22	0.44

从表中可以看到，就总体模型效果而言，三种分类预测模型的差异不大；逻辑回归稍微优于决策树和随机森林模型。对决策树模型，准确率的波动范围在0.14~0.17，召回率的波动范围在 0.48~0.67，F1 值的波动范围在 0.22~0.30，筛

选效率的波动范围在 0.44～0.50；对逻辑回归模型，准确率的波动范围在 0.12～
0.21（其中包含所有模型试次中的最大值 0.21），召回率的波动范围在 0.30～0.70
（其中包含所有模型试次中的最大值 0.70），F1 值的波动范围在 0.17～0.33（其中
包含所有模型试次中的最大值 0.33），筛选效率的波动范围在 0.50～0.65（其中包
含所有模型试次中的最大值 0.65）；对随机森林模型，准确率的波动范围在 0.12～
0.17，召回率的波动范围在 0.44～0.67，F1 值的波动范围在 0.18～0.27，筛选效率
的波动范围在 0.40～0.47。

5. 分类预测模型结果评估：自杀意念维度

对自杀的三种分类预测模型结果如表 6.13 所示。

表 6.13　自杀意念分类预测模型结果

模型名	试次	准确率	召回率	F1 值	筛选效率
决策树	1	0.17	0.71	0.28	0.30
	2	0.20	0.71	0.31	0.38
	3	0.16	0.55	0.25	0.40
	4	0.15	0.52	0.23	0.41
	5	0.16	0.61	0.25	0.34
逻辑回归	1	0.19	0.81	0.31	0.29
	2	0.22	0.84	0.35	0.33
	3	0.19	0.74	0.30	0.33
	4	0.16	0.65	0.26	0.31
	5	0.20	0.81	0.32	0.30
随机森林	1	0.17	0.84	0.28	0.15
	2	0.17	0.81	0.29	0.20
	3	0.18	0.84	0.29	0.18
	4	0.17	0.77	0.28	0.21
	5	0.17	0.77	0.27	0.20

从表中可以看到，就总体模型效果而言，三种分类预测模型的差异不大，逻
辑回归稍微优于决策树和随机森林模型。对决策树模型，准确率的波动范围在
0.15～0.20，召回率的波动范围在 0.52～0.71，F1 值的波动范围在 0.23～0.31，筛
选效率的波动范围在 0.30～0.41（其中包含所有模型试次中的最大值 0.41）；对逻
辑回归模型，准确率的波动范围在 0.16～0.22（其中包含所有模型试次中的最大
值 0.22），召回率的波动范围在 0.65～0.84（其中包含所有模型试次中的最大值
0.84），F1 值的波动范围在 0.26～0.34（其中包含所有模型试次中的最大值 0.34），

筛选效率的波动范围在 0.29～0.33；对随机森林模型，准确率的波动范围在 0.17～0.18，召回率的波动范围在 0.77～0.84，F1 值的波动范围在 0.27～0.29，筛选效率的波动范围在 0.15～0.21。

6. 分类预测模型结果评估：负性自我评价维度

对负性自我评价的三种分类预测模型结果如表 6.14 所示。

表 6.14　负性自我评价分类预测模型结果

模型名	试次	准确率	召回率	F1 值	筛选效率
决策树	1	0.21	0.53	0.30	0.51
	2	0.22	0.59	0.32	0.49
	3	0.22	0.65	0.33	0.46
	4	0.25	0.68	0.37	0.49
	5	0.20	0.56	0.29	0.47
逻辑回归	1	0.25	0.68	0.37	0.49
	2	0.24	0.59	0.34	0.53
	3	0.20	0.48	0.29	0.55
	4	0.21	0.62	0.62	0.45
	5	0.24	0.74	0.36	0.41
随机森林	1	0.22	0.71	0.33	0.39
	2	0.23	0.65	0.34	0.47
	3	0.22	0.65	0.33	0.46
	4	0.22	0.74	0.34	0.38
	5	0.20	0.62	0.30	0.41

从表中可以看到，就总体模型效果而言，三种分类预测模型的差异不大；逻辑回归稍微优于决策树和随机森林模型。对决策树模型，准确率的波动范围在 0.20～0.25（其中包含所有模型试次中的最大值 0.25），召回率的波动范围在 0.53～0.68，F1 值的波动范围在 0.29～0.37（其中包含所有模型试次中的最大值 0.37），筛选效率的波动范围在 0.46～0.51；对逻辑回归模型，准确率的波动范围在 0.20～0.25（其中包含所有模型试次中的最大值 0.25），召回率的波动范围在 0.47～0.74（其中包含所有模型试次中的最大值 0.74），F1 值的波动范围在 0.29～0.37（其中包含所有模型试次中的最大值 0.37），筛选效率的波动范围在 0.41～0.55（其中包含所有模型试次中的最大值 0.55）；对随机森林模型，准确率的波动范围在 0.20～0.23，召回率的波动范围在 0.62～0.74（其中包含所有模型试次中的最大值 0.74），F1 值的波动范围在 0.30～0.34，筛选效率的波动范围在 0.38～0.47。

7. 分类预测模型结果评估：绝望维度

对绝望的三种分类预测模型结果如表 6.15 所示。

表 6.15 绝望分类预测模型结果

模型名	试次	准确率	召回率	F1 值	筛选效率
决策树	1	0.18	0.67	0.28	0.44
	2	0.15	0.52	0.23	0.47
	3	0.15	0.56	0.23	0.44
	4	0.13	0.44	0.20	0.49
	5	0.17	0.63	0.27	0.46
逻辑回归	1	0.15	1.00	0.26	0
	2	0.17	0.89	0.28	0.22
	3	0.15	1.00	0.26	0
	4	0.14	0.48	0.21	0.48
	5	0.15	0.63	0.24	0.36
随机森林	1	0.14	0.67	0.24	0.31
	2	0.13	0.67	0.22	0.26
	3	0.10	0.56	0.21	0.37
	4	0.13	0.44	0.17	0.37
	5	0.15	0.78	0.25	0.32

从表中可以看到，就总体模型效果而言，三种分类预测模型的差异不大。其中逻辑回归模型出现了两次过拟合（召回率为 1，筛选效率为 0，这表明模型认为所有的用户都是高自杀可能性风险用户），故在统计中删除。对决策树模型，准确率的波动范围在 0.13～0.18（其中包含所有模型试次中的最大值 0.18），召回率的波动范围在 0.44～0.67，F1 值的波动范围在 0.20～0.28，筛选效率的波动范围在 0.44～0.49（其中包含所有模型试次中的最大值 0.49）；对逻辑回归模型，准确率的波动范围在 0.14～0.17，召回率的波动范围在 0.48～0.89（其中包含所有模型试次中的最大值 0.89），F1 值的波动范围在 0.21～0.29（其中包含所有模型试次中的最大值 0.29），筛选效率的波动范围在 0.22～0.48；对随机森林模型，准确率的波动范围在 0.10～0.15，召回率的波动范围在 0.44～0.78，F1 值的波动范围在 0.17～0.25，筛选效率的波动范围在 0.21～0.37。

综合以上结果，可以认为研究假设得到了验证，即使用新浪微博的行为和内容特征集，采用分类预测模型可以将微博用户中具有高自杀风险的用户从其他用户中识别出来，模型达到一定程度的识别准确性；并且通过模型对高自杀风险用户进行初筛比完全人工评定显著提高了筛选效率。

6.2.6　总结

　　研究 1 和研究 2 共同说明了存在特定的新浪微博特征,能将不同自杀风险程度、不同自杀进程中的个体区分开来。在研究 1 中,自杀死亡用户与无自杀意念用户相比对于自我的关注程度更深,链接至其他用户的频率更低,并且在微博中提及他人的程度也更小。这说明自杀死亡的用户对于自杀更加关注,并且可能进一步说明,对自我的关注程度是衡量个体自杀风险的重要标准。这样的研究结果与很多先前的研究结论是一致的[27]。

　　个体在网络社交平台的活跃度亦是能够反映出个体自杀风险的重要指标。在上述系列研究中,这个指标是以新浪微博用户与其他用户互相关注次数与其被关注次数的比值来衡量的,比值越高,说明个体与他人建立社交关系的愿望越强烈。在研究 1 中,自杀死亡用户的社交活跃度要比无自杀意念用户更低,但是由于媒体的报道,导致一些自杀死亡用户的微博被关注数激增,造成了这个指标偏低。因而在研究 1 中,这个指标暂且不能说明自杀死亡用户生前的真实社交活跃度。而在研究 2 中,由于参与的用户都是普通用户,在不存在这样影响的情况下,结果也表明高自杀可能性的用户在微博上的社交程度要显著低于低自杀可能组。事实上已有研究确实与这样的发现相一致,有很多研究都揭示了低水平的社会交往程度是高自杀风险的一项重要体现[28-29]。

　　个体的睡眠问题和生物钟可以从侧面反映出个体的自杀风险。先前的研究中报告过自杀行为与夜间睡眠障碍之间存在较强的关联,或者是自杀意念,抑郁情绪与失眠之间的关系[30-31]。我国学者曾将“夜间活跃程度”特征(晚间 22点到次日凌晨 6 点)应用于针对用户抑郁水平的预测模型的建立[32]。在研究 2中,二列相关分析的结果表明自杀可能性水平与“夜间活跃度”呈正相关关系,而在进一步的差异分析中,高自杀可能性组的夜间活跃度也要显著高于低自杀可能组。而根据自杀死亡用户的微博记录也发现,有许多表达消极想法的微博是在夜间时间段发布的。无论是现实生活中还是网络社交平台,夜间的活跃程度很可能反映出个体的心理健康水平乃至自杀可能性的程度。

　　在微博文本的语言特点上,也获得了一些值得探讨的结论。首先是个体对死亡相关词语的使用。在研究 1 中,自杀死亡用户与无自杀意念用户相比使用了更多表达死亡的词语,其中也包括了和自杀直接相关的词汇;而在研究 2 中也发现高自杀可能性用户与低自杀可能性用户相比使用了更多的死亡词。已有研究中也有类似的发现，如有研究发现具有自杀倾向的诗人会在他们的作品中使用更多死亡词汇[27]。其次，研究发现，具有高自杀可能性的用户更少地使用与未来有关的词汇。这一点也与以往研究相互印证，具有自杀风险的个体对于未来感受不到太多的希望，更多的是一种茫然无助[33-34]。

从表达情绪的文本来看，不论是以往研究还是上述系列研究都发现了不同自杀进程和自杀风险的人群在情绪表达上存在明显的差异。研究 1 发现自杀死亡组使用了更多表达消极情绪的词语，包括悲伤的情绪、焦虑感、愤怒感。更值得一提的是，研究还发现甚至从功能词方面自杀死亡组也有更多负面意向的表达，他们比无自杀意念组使用了更多表达排除意义的词语。研究 2 中也发现，高自杀可能性个体对应了更高频率的否定词语使用。由于以往的研究更多地关注自杀意念与消极情绪之间的关联[35]，上述研究结果为研究负性文本与自杀的关系提供了新的思考方向。

研究中还有一些发现的内容特征的个体差异缺乏既有研究的支持，或者与既有研究结果不符，需要得到关注。例如，研究 2 发现，高自杀可能性水平对应更高频率的第三人称单数指代，而既有研究结果表明具有自杀风险的个体往往过于关注自身，这里的结果出现了矛盾之处。矛盾结果的出现或许与中国文化中的语言表达特点有关，应该引起重视。此外，研究 2 还发现高自杀可能性用户使用与空间有关的词语频率显著低于低自杀可能性用户，而既往研究虽然关注了具有心理疾病的个体在注意和知觉方面与普通个体的差异[36]，但没有具体的自杀学研究结果，未来的研究或许可以更加关注高自杀风险的个体在空间认知上的特点。研究 1 发现，自杀死亡用户在宗教词语的使用频率要高于无自杀意念的用户。过往研究表明了转向宗教信仰是应对个体内心极端中途的一种方式[37]，因而自杀死亡的个体在生前可能也面临着激烈的心理冲突而部分采取了这样的策略。但因为中国的宗教信仰环境与国外差异巨大，并且对于宗教词语的使用程度未必能够真实反映其自身的宗教信仰情况，所以本研究并没有对此做进一步的推测。研究 1 还表明，自杀死亡用户与无自杀意念用户相比对于工作相关的词语使用频率普遍更低。既有研究揭示，存在心理疾患的个体在工作的积极性和工作的绩效方面会受到损害[38]，研究 1 可能从侧面印证了这样的结论。

此外，还有一些研究结果既缺乏已有研究的支持，也缺乏常理上的理解。例如，研究 1 发现，自杀死亡用户对人称代词和非人称代词、性词、社会历程词、人类词的使用频率高于无自杀意念组，而对数量词和省略号的使用频率低于无自杀意念组。这些词语类别特征可能与中国文化存在某种隐性的联系，这对于自杀语言学的研究可能会提供一些启发。

研究 3 采用分类预测模型预测具有潜在高自杀风险的新浪微博用户。结果表明，不论是对于自杀可能性还是其四个组成的自杀风险因素（敌意、自杀意念、负性自我评价、绝望），通过新浪微博中的行为特征和内容特征，在识别高水平自杀可能性用户方面都能取得一定的效果。逻辑回归方法和随机森林方法在预测结果上差别不大；在各个试次和不同维度间，准确率在 10%～25%，召回率在 30%～89%，F1 值在 17%～37%，筛查效率在 21%～65%。分类预测模型的效果很大程度上取决于对训练集和测试集的随机组成。值得注意的是，不同的自杀风险因素在预测自杀可能性的贡献上可能存在差异，例如，使用逻辑回归预测敌意的召回率值波动范围达到了 40%（0.30～0.70），而使用随机森林模型预测自杀意念的召回率值波动范围仅为 7%（0.77～0.84）。这可能说明，自杀意念分量表对识别个体在微博上的自杀风险具有更大的潜力，今后的研究可以就这一切入点继续开展探究。

对于具有自杀风险的个体，自杀预防和干预工作往往是一个持续的工作，包含了周期性持续的自杀风险评估和干预疗法的使用。传统的自杀预防和干预过程往往会耗费比较多的时间和人力，且由于在中国有很多具有潜在自杀风险的个体并不主动寻求专业帮助[1]，他们的自杀风险得不到专业机构的及时掌握。自杀预防和干预领域的专家们已经逐渐认识到基于网络的自杀干预具有很大的潜力，并且已经有一些在线的项目被开发出来帮助那些已经被识别为具有自杀倾向的个体来进行自我调整[21]。本研究进一步表明，在自杀风险评估阶段也可以通过计算建模的方法来提高识别效率。该方法可以与传统的专家评估方法结合起来，使用计算建模方法标定那些具有潜在自杀可能性的个体，而后再将其转移至专业人士处进行深层评估，这样一来就可以大大提高单位时间内的自杀风险评估效率。

根据研究 3 的结果，在三个经典的模型效果评估指标中，召回率的值总体来说要高于其他两种指标值。这表明，建立的模型更倾向于将用户标定为具有较高可能性的用户，即使这样做会产生更多的误报。这是因为考虑到自杀行为的严重性，在实际应用中我们不希望漏掉任何一个具有潜在自杀风险的用户，因而召回率在所有的指标中显得最为关键。但是，准确率以及 F1 值普遍不高的事实说明，预测模型在现阶段仍然还有很大的提升空间，仅仅只能作为一个辅助工具来对自杀可能性进行初筛。近来的一些研究也对多种心理健康问题进行了计算机建模，即使在准确率能够达到一定程度（最高可以达到60%）的情况下，仍然不能说明预测模型可以完全取代传统的专家评估。所以对于目前的模型，建议使用方法是：对微博大面积人群进行初筛，制定相对较为严格的标准，使得更多的潜在风险个体被标记出来；然后再将这些用户按程度分组移交至自杀预防机构或精神卫生医疗机构，或者对这些用户自动推送一些心理健康资源。

参 考 文 献

[1] 李功迎. 自杀与自伤. 北京: 人民卫生出版社, 2009.

[2] Innos K, Rahu K, Rahu M, et al. Suicides among cancer patients in Estonia: a population-based study. European Journal of Cancer, 2003, 39(15): 2223-2228.

[3] Kim Y K, Lee S W, Kim S H, et al. Differences in cytokines between non-suicidal patients and suicidal patients in major depression. Progress in Neuro-Psychopharmacology and Biological Psychiatry, 2008, 32(2): 356-361.

[4] Leserman J. HIV disease progression: depression, stress, and possible mechanisms. Biological Psychiatry, 2003, 54(3): 295-306.

[5] Wang C W, Chan C L, Yip P S. Suicide rates in China from 2002 to 2011: an update. Social Psychiatry and Psychiatric Epidemiology, 2014, 49(6): 929-941.

[6] Conner K R, Meldrum S, Wieczorek W F, et al. The association of irritability and impulsivity with suicidal ideation among 15-to 20-year-old males. Suicide and Life-Threatening Behavior, 2004, 34(4): 363-373.

[7] Awata S, Seki T, Koizumi Y, et al. Factors associated with suicidal ideation in an elderly urban Japanese population: a community-based, cross-sectional study. Psychiatry and Clinical Neurosciences, 2005, 59(3): 327-336.

[8] Bjørngaard J H, Bjerkeset O, Vatten L, et al. Maternal age at child birth, birth order, and suicide at a young age: a sibling comparison. American Journal of Epidemiology, 2013, 177(7): 638-644.

[9] Harwood D M J, Hawton K, Hope T, et al. Life problems and physical illness as risk factors for suicide in older people: a descriptive and case-control study. Psychological Medicine, 2006, 36(9): 1265-1274.

[10] 李献云, 费立鹏, 及惠郁, 等. 为什么女性自杀未遂率显著高于男性. 中国心理卫生杂志, 2004, 18(3): 191-195.

[11] 李献云, 费立鹏, 童永胜, 等. Beck 自杀意念量表中文版在社区成年人群中应用的信效度. 中国心理卫生杂志, 2010, 24(4): 250-255.

[12] 梁瑛楠, 杨丽珠. 自杀可能性量表的信效度研究. 中国健康心理学杂志, 2010, (2): 225-227.

[13] Borges G, Angst J, Nock M K, et al. Risk factors for the incidence and persistence of suicide-related outcomes: a 10-year follow-up study using the National Comorbidity Surveys. Journal of Affective Disorders, 2008, 105(1): 25-33.

[14] Mościcki E K. Identification of suicide risk factors using epidemiologic studies. Psychiatric Clinics of North America, 1997, 20(3): 499-517.

[15] McCarthy M J. Internet monitoring of suicide risk in the population. Journal of Affective Disorders, 2010, 122(3): 277-279.

[16] 夏勉. 江光荣心理求助行为研究现状及阶段决策模型. 心理科学进展, 2006, 6.

[17] Tausczik Y R, Pennebaker J W. The psychological meaning of words: LIWC and computerized text analysis methods. Journal of Language and Social Psychology, 2010, 29(1): 24-54.

[18] Barak A, Miron O. Writing characteristics of suicidal people on the Internet: a psychological investigation of emerging social environments. Suicide and Life-Threatening Behavior, 2005, 35(5): 507-524.

[19] Cheng Q, Chang S S, Yip P S. Opportunities and challenges of online data collection for suicide prevention. The Lancet, 2012, 379(9830): e53-e54.

[20] Chen P, Chai J, Zhang L, et al. Development and application of a Chinese webpage suicide information mining system (SIMS). Journal of Medical Systems, 2014, 38(11): 1-10.

[21] Furber G, Jones G M, Healey D, et al. A comparison between phone-based psychotherapy with and without text messaging support in between sessions for crisis patients. Journal of Medical Internet Research, 2014, 16(10): e219.

[22] Stjernswärd S, Hansson L. A web-based supportive intervention for families living with depression: content analysis and formative evaluation. JMIR Research Protocols, 2014, 3(1): e8.

[23] Whiteside U, Lungu A, Richards J, et al. Designing messaging to engage patients in an online suicide prevention intervention: survey results from patients with current suicidal

ideation. Journal of Medical Internet Research, 2014, 16(2): 192-198.

[24] 舒良, 汪向东, 王希林, 等. 抑郁自评量表 (SDS)// 汪向东, 王希林, 马弘. 心理卫生评定量表手册. 增订版. 北京: 中国心理卫生杂志社, 1999: 194-196.

[25] Naud H, Daigle M S. Predictive validity of the suicide probability scale in a male inmate population. Journal of Psychopathology and Behavioral Assessment, 2010, 32(3): 333-342.

[26] Gençöz T, Or P. Associated factors of suicide among university students: importance of family environment. Contemporary Family Therapy, 2006, 28(2): 261-268.

[27] Stirman S W, Pennebaker J W. Word use in the poetry of suicidal and nonsuicidal poets. Psychosomatic Medicine, 2001, 63(4): 517-522.

[28] Duberstein P R, Conwell Y, Conner K R, et al. Poor social integration and suicide: fact or artifact? A case-control study. Psychological Medicine, 2004, 34(7): 1331-1337.

[29] Beautrais A L. A case control study of suicide and attempted suicide in older adults. Suicide and Life-Threatening Behavior, 2002, 32(1): 1-9.

[30] Woosley J A, Lichstein K L, Taylor D J, et al. Hopelessness mediates the relation between insomnia and suicidal ideation. Journal of Clinical Sleep Medicine Jcsm Official Publication of the American Academy of Sleep Medicine, 2014, 10(11): 1223-1230.

[31] Nadorff M R, Fiske A, Sperry J A, et al. Insomnia symptoms, nightmares, and suicidal ideation in older adults. The Journals of Gerontology Series B: Psychological Sciences and Social Sciences, 2013, 68(2): 145-152.

[32] Wang X, Zhang C, Ji Y, et al. A depression detection model based on sentiment analysis in micro-blog social network// Li J Y, Cao L B, Wang C, et al. Trends and Applications in Knowledge Discovery and Data Mining. Berlin: Springer, 2013: 201-213.

[33] Kovacs M, Garrison B. Hopelessness and eventual suicide: a 10-year prospective study of patients hospitalized with suicidal ideation. American Journal of Psychiatry, 1985, 1(42): 559-563.

[34] Pompili M, Rihmer Z, Akiskal H, et al. Temperaments mediate suicide risk and psychopathology among patients with bipolar disorders. Comprehensive Psychiatry, 2012, 53(3): 280-285.

[35] Pestian J P, Matykiewicz P, Linn-Gust M, et al. Sentiment analysis of suicide notes: a shared task. Biomedical Informatics Insights, 2012, 5(Suppl 1): 3-16.

[36] Desseilles M, Schwartz S, Dang-Vu T T, et al. Depression alters "top-down" visual

attention: a dynamic causal modeling comparison between depressed and healthy subjects. Neuroimage, 2011, 54(2): 1662-1668.

[37] Pienaar J, Rothmann S, Van De Vijver F J. Occupational stress, personality traits, coping strategies, and suicide ideation in the South African Police Service. Criminal Justice and Behavior, 2007, 34(2): 246-258.

[38] Lerner D, Henke R M. What does research tell us about depression, job performance, and work productivity? Journal of Occupational and Environmental Medicine, 2008, 50(4): 401-410.

第 7 章　智能移动设备带来的新机遇

近年来，随着智能移动终端设备的制造工艺的革新，以智能手机、平板电脑、智能手环等为代表的智能移动设备迅速普及，在人们的生活中扮演着越来越重要的角色。以智能手机为例，由于其携带的便利性与功能的丰富性等特点，因此获得了众多用户的喜爱甚至依赖。本章主要介绍智能移动设备为改善心理学研究所带来的新机遇。

7.1　智能移动设备的主要类型

7.1.1　以智能手机为代表的移动电话

移动电话，又称"行动电话"、"流动电话"、"手提式电话机"或"无线电话"，简称"手机"，是可以在较广范围内使用的便携式电话，它与固定电话（座机）是一对相对概念。由于手机的便携性、功能丰富性等优势，自其问世以来就迅速普及，成为人类历史上普及范围最广、使用人数最多的科技产品。截止到 2014年底，世界上手机用户已达到 70 亿，占到了全球总人口的 94%[1]。按照不同的操作系统来划分，手机可以分为智能手机与非智能手机，其中非智能手机又被称为功能性手机。功能性手机是一种较低级的手机，不能运行原生程序，只能运行多是内嵌的通话、短信、通讯录、比较简单的记事本等基本移动电话功能。而智能手机有别于功能性手机的主要特点在于，智能手机不仅提供了更加丰富的通讯交流方式（短信、电话和视频通话等），而且也成为移动的个人终端（听歌、购物、个人事务管理等），可以满足用户各种各样的需求。

伴随着全世界移动网络的高速发展及电子设备制造工艺的迅速革新，智能手机近几年迅速在全世界范围内普及。智能手机具有独立的操作系统和运行空间，可以由用户自行安装软件、游戏、导航等第三方服务商提供的程序。在第三方应用程序商店（如 App Store、Google Play、豌豆荚市场等）中，存在着上百万第三方应用程序，用户可以下载并运行在自己的设备上。由于其支持用户根据个人需要扩展功能，智能手机已经成为人们日常生活中用来通讯、娱乐、人际互动最流行的电子设备。

　　根据互联网数据中心 IDC（Internet Data Center）的报告分析，2013 年全球范围内的智能手机的销售量达到了 100.42 千万部，比 2012 年的 72.53 千万部增长了 38.4%[2]，目前市场上主流的智能手机操作系统有 Symbian OS、Android OS、Windows Phone、iOS、Blackberry 等，而得益于设备制造商的联合、设备类型的多样化及价格因素，Android 智能手机在一出场就成为智能手机操作系统的主导。

7.1.2　以传感器为核心部件的智能手环、手表等设备

　　目前的传感器不仅在尺寸规格上越来越精小，而且其功能也越来越强大。据统计数据记录，智能设备上的传感器总数可达 17 种，普通智能手机上也有 11 种之多：加速度传感器、磁力传感器、方向传感器、陀螺仪传感器、光线传感器、压力传感器、温度传感器、接近传感器、重力传感器、线性加速度传感器、旋转矢量传感器。其中，加速度传感器数据比较易采集处理，更重要的是其数据精度高、采样率高、准确性好、记录完整。

　　随着移动技术的发展，许多传统的电子产品也开始增加移动方面的功能。例如，过去只能用来看时间的手表，现今也可以通过智能手机或家庭网络与互联网相连，显示来电信息、Twitter 和新闻 feeds、天气信息等内容；智能手环则通过内置多样的传感器，记录用户的多种生理及活动指标。

7.1.3　Kinect 3D 摄像头

　　Kinect 3D 摄像头是微软开发的用于 XBOX360 体感游戏的周边外设产品，其感应器采用深度感应技术、内置彩色摄像机、红外（IR）发射器和一个麦克风阵列，能够感知人的位置、动作和声音。同时，Kinect for windows SDK 为开发人员提供驱动程序、工具、应用程序接口、设备接口和代码示例，促进 Kinect 在各行各业的应用。通过应用程序，可以从 Kinect 摄像头录制的视频中提取

1080P 高分辨率彩色图像信息、深度信息、红外信息、身体索引信息以及人的骨骼信息，其中对骨骼信息的追踪可以高达 6 人和每人 25 个关节。

Kinect 在各个领域都有潜在的应用，目前在医学领域的行为分析研究中，Kinect 得到较为广泛的应用。2014 年，Auvinet 使用 Kinect 进行了环形步态的研究；Yeung 使用 Kinect 作为临床身体摇摆程度的评估工具；Galna 使用 Kinect 评估帕金森患者的运动状态。既有研究表明，Kinect 可以作为临床步态研究的有效工具。

7.2　基于智能移动设备的心理预测：以智能手机为例

7.2.1　相关研究概况

1973 年 John Mitchell（被称为手机之父，摩托罗拉移动通讯产品首席工程师）发明了第一部手持手机，而第一款投放到市场的手机出现于 1983 年 6 月。与手机使用相关的第一篇文献发表于 1991 年，研究的内容是驾驶期间电话使用对驾驶状况的影响[3]。手机使用与用户心理相关的文献则集中在 2000 年之后发表。

在 2008 年之前，功能性手机几乎占据了全部的手机通讯市场。由于功能性手机研究者在做手机行为研究时只能间接的通过问卷调查等方式评估用户的手机使用行为，因此研究的局限性较大。而随着 2009 年之后智能手机逐渐普及，有部分研究者尝试使用基于智能手机操作系统的应用程序自动记录用户的手机使用行为，并分析手机使用行为与心理特征的关系。

7.2.2　手机使用行为与心理特征相关研究

1. 心理健康与手机使用行为

心理健康描述了一种心灵安适状态，在该种状态下，个体能够清醒地意识到自身的能力，能够自如地应对生活中常见的应激源，能够卓有成效地完成日常的工作任务，能够为社会做出贡献[4]。常见的心理健康维度有抑郁、焦虑、孤独感等。目前，国内外已有很多研究探究了手机使用行为与用户心理健康状态的关系。

国外的相关研究主要探讨了抑郁、焦虑、孤独感、压力等心理状态与手机使用的相关性。Ha 等发现具有更高的人际焦虑水平和抑郁倾向的人更有可能成为手机过度使用者[5]。Reid 等通过 158 份网络调查问卷数据，发现在短信和电话两种联系方式中，孤独感更强的用户更喜欢打电话，而焦虑得分高的用户倾向于发短信[6]。Thoméel 等追踪调查了 4156 名年龄在 20～24 岁的青年人，发现手机使用频率与男性用户的睡眠紊乱、抑郁症状有关系，与女性用户的抑郁症状也有关系；而过多地使用手机与女性用户的精神压力、睡眠紊乱均有关[7]。Augner 与 Hacker 调查了 196 名青年手机用户的手机使用情况及对应的心理特征，统计分析结果显示持续压力、情绪波动、抑郁等均与手机使用有相关性，其中情绪波动对频繁的手机使用预测效果最好[8]。Beranuy 等在对 365 个大学生的手机使用及互联网使用的调查中发现，遭受心理困扰的个体更容易有过度使用手机及互联网的情况[9]。Lepp 等通过对 496 名大学生的调查发现，手机或短信使用均与焦虑有正相关关系[10]。

国内针对心理健康状态与手机使用行为的关系也做了大量研究。研究显示，抑郁、焦虑等心理健康状态维度与手机依赖、手机短信的使用等具有相关性关系。黄海等通过分层整群抽取某高校大学生 1172 名，采用手机依赖量表和症状自陈量表（SCL-90）进行施测，发现存在手机依赖情况的大学生可能存在不同程度的心理健康问题，心理健康水平可能是与手机依赖情况相关的重要因素[11]。在对江苏省 513 名大学生短信使用情况的研究中，刘传俊等分析调查结果得出陌生交流、工作短信与焦虑状况存在着正相关关系，手机短信交往行为影响到了大学生的焦虑水平[12]。台湾大学通过对女大学生手机使用情况的一项调查显示，社交外向型和焦虑与手机依赖有正相关关系，手机成瘾的女大学生发送更多的短信和拨打更多的电话[13]。

另外，有部分研究显示，社会支持与手机使用具有相关性，而也有研究者指出社会支持与手机依赖关系密切。秦亚平等对 84 名大学生采用大学生手机使用情况调查表、社会支持评定量表、幸福感指数量表进行测评，分析通过研究大学生手机依赖情况和主观幸福感及社会支持的相关性，指出了大学生的主观幸福感与手机依赖行为存在负相关关系，社会支持状况并不影响其手机依赖状况[14]。黄时华等采用手机使用情况调查表、手机依赖问卷、自我接纳问卷和社会支持评定量表对广州市 8 所高校 536 名大学生进行测查，发现广州市大学生的手机使用率高，手机依赖的检出率为 26.1%；大学生手机依赖不存在性别差异，存在显著的年级和专业差异；手机依赖与自我接纳间为显著负相关，与社会支持间相关性不显著[15]。葛续华等采用分层取样法选取山东两所职业院校的900 名在校学生，用亲密关系经历量表（ECR）中文版、社会支持量表和手机成瘾倾向调查问卷对其进行问卷调查，探讨了青少年手机依赖以及与依恋、社会支持的关系。其结果显示在青少年学生中，手机依赖现象具有普遍性，中职生比高职生手机依赖行为严重，手机依赖与依恋、社会支持关系密切；依恋焦虑不仅与手机依赖直接相关，而且还通过社会支持间接影响手机依赖行为[16]。

研究显示，孤独感与手机使用具有相关性。韦耀阳采用自编的大学生手机依赖问卷和 UCLA 孤独感量表对 304 名大学生进行调查研究，结果发现大学生手机依赖行为在不同的性别和年级上存在显著差异，而孤独感可能会增加大学生的手机依赖倾向[17]。刘红等用分层抽样和方便取样法，在贵州省 4 所高校对 442名大学生用手机依赖指数量表（MPAI）和 UCLA 孤独量表进行测查，结果发现大学生的个人基本特征（性别、年级）与手机依赖倾向无密切关系，理科大学生的手机依赖倾向相对较高，孤独感可能会增加大学生的手机依赖倾向[18]。汪婷等在广西省的 4 所中学中选取了 942 名学生进行调查，结果发现相对于手机无依赖群体，手机依赖青少年往往在健康行为上表现出更多的问题，并且体验到更多的抑郁情绪，生活和学习满意度更低[19]。王芳等通过用问卷调查和个人访谈相结合，调查了 632 名大学生手机使用情况及手机依赖与性格之间的关系，结果发现手机依赖与内、外向性格无关，与孤独感呈低相关[20]。黄才炎等通过自编的大学生手机短信交往行为调查问卷和孤独差异量表，对 87 名大学生手机短信使用行为的调查，结果发现频繁地使用手机短信交往可能与孤独感有关[21]。

LiKamWa 等利用运行在智能手机上的应用程序"LiveLab"收集用户的手机使用数据，发现了部分用户手机使用行为是随着其心情变化波动的，并利用机器学习算法实现了预测用户心情的系统 MoodScope，初步达到 66%的精度[22]。具体来说，LiveLab 是运行在 iPhone 上的程序，被设计用来收集上网记录、正在运行的进程及可接入的 WIFI 点，这些数据最初主要是用来分析程序及网络的使用情况[23]。研究者在 32 名实验参与者的手机上安装 LiveLab 并运行两个月的时间，实验期间被试需每天至少填写四次自己的心情状态，并在每晚上传LiveLab 记录的手机使用日志数据。此研究设计了关于手机应用、电话、邮件信息、短信、浏览器历史、位置信息变换等 6 类行为特征，并分别把每一类特征扩充成 10 个特征输入到预测模型，以此对用户的日常心情波动进行预测，最终形成了 ModeScope 系统。

　　2. 人格与手机使用行为

　　人格理论科学地解释了人与人之间存在个性化差异的心理学原因，因此，与人格相关的研究一直是心理学领域的重要课题[24]。在人格心理学领域中，大五人格（big five personality）是最被研究者广泛接受的人格理论框架[25]。大五人格理论通过外向性、内向性、尽责性、宜人性、开放性五个维度来描述人与人之间的个性化差异。与心理健康状态相比，人格特质具有相对的时间稳定性的特点，这意味着利用粗粒度的移动互联网行为的静态特征就有可能会在一定程度上反映出用户的人格特质，因此更多的相关研究集中在手机使用行为与人格特质之间关系的探讨上。

　　具有不同人格特质的用户可能对不同手机通讯功能及个性化设置偏好不同。Butt 和 Phillips 招募了 112 名手机用户，通过 NEO-FFI 人格问卷及自编的手机使用问卷调查收集了用户的人格及手机使用行为数据，结果发现手机的使用情况可以反映一个人的人格，不同人格的用户使用手机的偏好也不同。具体来说，高外向性的人可能拨打更多的电话；高外向性和低宜人性的个体更不重视接收到的电话，同时也更多地调整、更换手机铃声和壁纸；高神经质、低宜人性、低尽责性及高外向性个体倾向于在短信使用上花费更多的时间[26]。Ehrenberg 等通过对 200 名大学生的调查结果发现，低宜人性个体会在电话上花费更多的时间，而高外向性和高神经质个体则会在短信上花费更多的时间；低宜人性和低自尊个体会花费更多的时间使用手机上的即时通讯程序（instant messaging，IM）；高神经质个体更有可能有手机依赖倾向[27]。Lane 等通过分析 312 份有关手机使用及大五人格的问卷数据发现，高外向性用户更多地使用手机的短信功能；相对于发短信，高宜人性用户更喜欢打电话[28]。Beydokhti 等在针对 364 名中学生的手机短信使用情况及人格特征的调查中发现，神经质水平与短信使用频率成正相关关系，外向性水平与短信使用频率成负相关关系，而在不同性别的个体中间短信的使用情况并没有显著差异。手机游戏、短信息等功能的使用与不同人格特质也是具有相关性的[29]。Phillips 等利用 112 份问卷数据研究了人格与手机游戏使用的关系，结果发现低宜人性个体更倾向于使用手机玩游戏，这个研究揭示了人格特质和因为玩手机游戏所导致的手机过度使用之间的相互影响[30]。Delevi 等利用 304 份大学生的网上填写的问卷数据，探究了手机色情信息（包括图片、文字、视频）的收发情况与人格的关系，结果发现高外向性个体倾向于通过短信文本发送色情信息，高神经质和低宜人性个体倾向于选择发送具有性暗示的图片；问题性的手机应用和色情信息的收发是有一定关联的[31]。Ezoe 等通过对 132 名护士专业女学生的调查结果显示，外向性及神经质维度与手机依赖有正相关关系[32]。此外，有研究表明，手机过度使用、手机依赖与人格特质具有相关性。Takao 等对 488 名大学生的一项调查研究显示，性别、自我监控力、自我认可度等因素和手机依赖行为存在着关联，并提出通过衡量这些相关的人格因素可有效的监测和预防潜在的手机成瘾症[33]。Billieux 等考察了手机用户的冲动性特质与其对手机依赖的关系，通过收集的339 份手机使用及 UPPS 冲动行为量表数据，发现冲动性能有效预测手机依赖并发现问题性手机用户更倾向于关注行为的即时收益，而忽视长远利益[34]。Arns 等分析了 300 名被试的手机使用调查问卷及人格问卷结果后得出结论，过多的手机使用与外向性成正相关关系，与开放性成负相关关系[35]。还有研究显示，手机短信的使用与不同的人格特质维度具有相关性。刘敏通过对 93 名大学生手机短信使用情况和人格特质的分析，结果发现外倾性与短信发送对象呈显著正相关关系；神经质与短信查看时间呈显著负相关关系，而与作息时间改变呈显著正相关关系；精神质与短信发送频率、发送对象均呈显著负相关关系；外倾性、神经质两种人格特质与短信使用的相关关系存在明显的性别差异[36]。陈少华等利用人格问卷和自编手机短信问卷，以 280 名大学生为研究对象，考察了大五人格特质及其子维度与短信使用情况之间的关系，结果发现神经质与使用短信的担心时间、幻觉经验、作息时间有显著负相关关系，外倾性与短信使用数量和作息时间显著正相关关系，宜人性与短信使用时间有显著负相关关系，尽责性与短信总花费比例有显著负相关关系。另外，手机上网、新功能的尝试与人格特质也具有相关性关系[37]。盛红勇等通过对大学生手机上网与坚韧人格相关的研究结果显示，学习中失望感越强的学生越倾向于使用手机上网[38]。在一项针对武汉大学生手机使用行为并结合创新采纳者分类进行分析的研究显示，大学生中墨守传统者对手机的各种新功能并没有进行尝试；而积极尝试者具有冒险精神，乐于使用手机的新功能与新应用；适当跟随者则在各种特征上都属于中间状态[39]。手机依赖与人格特质也可能存在相关性关系。孙玲等采用自编的《大学生手机依赖量表》与 EPQ 问卷中的 E（内外向）量表，定额选取宁夏大学的 130 名学生进行研究，发现大学生手机依赖行为存在性别差异，女生比男生更容易产生手机依赖行为；大学生的手机依赖行为不存在年级差异；内外向因素不是决定大学生手机依赖行为的决定性人格因素[40]。

　　有研究者已经开始利用信息技术手段记录用户的智能手机使用行为，分析手机使用与人格之间的相关性，并利用手机使用行为预测用户的人格特征。Chittaranjan 等把数据收集程序装入 Nokia N95 智能手机中，同时跟踪收集了瑞士 117 名被试 17 个月的电话、短信、应用程序、电话卡使用情况的日志记录。通过对这些数据进行特征提取与分析，验证了特定的手机使用行为与用户人格具有较强的相关性。具体的研究结果显示，宜人性维度得分低的用户倾向于接收更多的电话，但很大比例的电话并不是他们想要接收的，而拨出的电话数量并不能显著地解释宜人性维度；高外向性、高神经质及低尽责性用户可能会花费更多的时间来收发短信；外向性及低宜人性用户倾向于更频繁地更换手机铃声和手机壁纸；低宜人性用户倾向于更多地玩手机游戏[41]。此研究结果被进一步用于对用户的人格特征进行预测及分类，并取得了较好的效果。

7.2.3　相关实验案例

1. 对象与方法

（1）数据获取工具

　　我们利用自主开发的 Android 应用程序 MobileSens 采集用户的手机行为数据，为了方便开展用户实验，我们后续扩展了问卷填写功能。最终，MobileSens 包含手机使用行为记录和问卷测评填写两个模块：手机使用行为记录的模块属于后台服务程序，可记录用户在使用手机过程中行为历史记录数据并上传到服务器；问卷测评填写模块实现了启动手机记录模块服务、应用自动检测更新、问卷填写及上传功能。MobileSens 功能结构如图 7.1 所示。

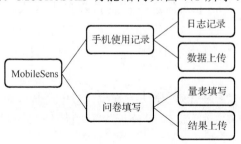

图 7.1　MobileSens 模块划分

安装 MobileSens 后，用户与手机设备的大部分交互行为数据会保存到 Android 系统的数据库 Sqlite 中。为了设备的电量保证，用户可选择在充电时将数据上传。MobileSens 记录的信息共包括 14 类，详细信息如表 7.1 所示。

表 7.1　手机使用行为记录数据内容

信息类型	内容
应用界面活动	应用程序界面的状态；应用程序包名称和应用名称；时间
安装包信息	安装包名称；执行操作（安装、卸载、替换、重启）；时间
呼叫信息	呼叫状态、号码；呼叫方向（接听/拨出）；联系人是否在通讯录；时间
配置信息	键盘隐藏信息、键盘类型；导航键；屏幕显示方式
联系人信息	操作：新添加/删除联系人；时间
系统时间改变	系统时间修改信息
GPS 信息	方位、高度、经度、纬度
耳机信息	耳机拔出/插入；是否含有话筒；耳机类型；时间
充电信息	链接/拔出；时间
开关机信息	开机/关机；时间
屏幕信息	打开/关闭；时间
服务程序信息	名称；状态；时间
短信息	短信发出/接收；号码；联系人是否在通讯录；时间
壁纸信息	壁纸更换时间

（2）实验对象

我们通过公共账号转发、校园广告等方式，共招募到 146 个拥有 Android 手机、并在日常生活中会使用手机的被试参与实验，实验时间为 1 个月。在实验结束时，被试需要完成个人信息统计及自陈量表（人格、主观幸福感）的填写，并在网络通畅时及时上传手机使用数据。部分用户由于中途放弃实验、量表填写不完整、不满 18 周岁的原因被剔除，最终样本包含 127 人的完整数据。

（3）研究实施

在收集到的手机使用数据基础上，提取了 10 类共 218 个特征，这些特征的分类及详细信息如表 7.2 所示。随后分析提取的特征与不同种类的心理特征（人格、主观幸福感）的关系。

表 7.2 手机使用行为特征

特征类别	详细信息
应用使用	① 所有应用使用的情况 ② 20 种不同分类的应用使用情况（不含游戏分类）：通信类、音视频播放类、系统类、安全类、社交类、生活类、通话类、浏览器、输入法、美化、阅读、地图、词典、新闻、理财、办公、拍照、健康、其他（分类标准参考豌豆荚市场 http://www.wandoujia.com/apps） ③ 游戏类：休闲益智类、体育竞技类、策略类、动作竞技、模拟类、角色扮演、射击类 ④ 用户常用应用：腾讯 QQ、新浪微博、微信、人人网
应用包操作	安装/卸载/替换/更改/数据清除/总情况
服务	GPS 服务使用频率，用户每天的大约活动范围
短信	① "发出/收到短信数目"、"上午/下午/晚上/总"及"联系人在通讯录中"的不同组合的短信数目，共 24 个特征 ② 发出短信占短信总数比率
电话	① "拨出/收到电话数目"、"上午/下午/晚上/总"及"联系人在通讯录中"的不同组合的电话数目，共 24 个特征 ② 拨出电话所占电话总数比率 ③ 短信数目和电话数目比率
耳机	耳机使用频率
壁纸	壁纸更换频率
通讯录	联系人删除/增加/总频率
屏幕	上午/下午/晚上三个时间段及总屏幕打开频率
充电	充电频率

2. 研究结果

（1）手机使用行为与人格

研究结果显示，具有更高外向性得分的女性用户倾向于更频繁地打开手机应用、使用 GPS、开关屏幕以及使用社交类、生活类和健康类的应用；而具有高外向性得分的男性用户倾向于更少地使用健康类应用，并无其他类相关的手机使用行为；而从总体上来看，具有更高外向性得分的用户倾向于使用更多的社交类和健康类应用。具有高宜人性得分的女性用户更倾向于玩策略类游戏，而男性用户则倾向于拨打更少的电话及使用更少的浏览器。具有高尽责性得分的女性用户更倾向于频繁地打开或使用安全类应用。具有更高开放性人格得分的女性用户更倾向于频繁地使用应用、GPS 服务及社交类应用，相比打电话更偏好于使用短信，并更少地更改通讯录；具有高开放性人格得分的男性用户则倾向于更少地使用耳机及办公类应用；总体上看，具有高开放性人格得分的用户倾向于更多地使用 GPS 服务，更少地使用办公类应用。该研究进一步对大五人格的五个维度分别建立了预测回归模型，结果显示针对女性用户的预测效果会更好，例如，开放性维度（女 CORE：0.75，男 CORE：0.368），外向性维度（女 CORE：0.401，男 CORE：0.368）。

（2）手机使用行为与主观幸福感

主观幸福感（SWB）得分高的个体倾向于使用更多的通信应用（例如，微信、QQ、飞信等），但是较少地使用拍照类的应用；SWB 高分个体更倾向于玩手机游戏，女性用户倾向于玩策略类游戏，而男性用户倾向于玩竞技类游戏；此外，女性高 SWB 得分个体倾向于更频繁地使用阅读类和浏览器应用，然而男性用户并没有表现出这个倾向。

7.3　未来研究趋势

既有研究表明，利用智能移动设备尤其是智能手机使用行为进行用户心理特征的预测是可行的，关于此领域今后的发展方向可以主要分为以下三点。

首先，需要开展更大规模的用户实验，收集足够多的用户数据，以建立更精确的预测模型。目前，已有研究招募了从几十个到一两百个不等的被试来采集数据并训练预测模型。这意味着，基于小规模样本建立的模型不一定具有普适性，其应用范围有限。

其次，从其他智能可穿戴设备（例如，智能手环、智能眼镜、智能手表等）收集的数据也应该被纳入分析。通过整合多来源数据，几乎所有关于用户的饮食、睡眠及交互行为都将被纳入记录和分析，这有助于为用户提供更精准的健康调节建议。但值得注意的是，研究人员应该在数据泄漏保护上投入更多的工作以保证用户的隐私。

最后，计算机科学与社会科学的结合将会在这一研究领域上表现得越来越突出。至今为止，大多数此领域的前沿研究者都是计算机科学家主导的，但相关研究需要基于两个学科的理论和技术。社会科学家可以更加科学地设计用户实验、分析数据和解释结果，而计算机科学家可以开发更有效的数据采集工具和机器学习算法。

参 考 文 献

[1] Union I T. The World in 2014: ICT Facts and Figures. Geneva, Switzerland: International Telecommunication, 2014.

[2] Llamas Ramon T, Stofega W. Worldwide Smartphone 2014-2018 Forecast Update: December 2014. http://www.idc.com/getdoc.jsp?containerId=253212[2015-12-14].

[3] Brookhuis K A, de Vries G, de Waard D. The effects of mobile telephoning on driving performance. Accident Analysis & Prevention, 1991, 23(4): 309-316.

[4] Herrman H, Saxena S, Moodie R. Promoting mental health: concepts, emerging evidence, practice. A report of the World Health Organization, Department of Mental Health and Substance Abuse in Collaboration with the Victorian Health Promotion Foundation and the University of Melbourne, 2005: 288.

[5] Ha J H, Chin B, Park D-H, et al. Characteristics of excessive cellular phone use in Korean adolescents. CyberPsychology & Behavior, 2008, 11(6): 783-784.

[6] Reid D J, Reid F J. Text or talk? social anxiety, loneliness, and divergent preferences for cell phone use. CyberPsychology & Behavior, 2007, 10(3): 424-435.

[7] Thomée S, Härenstam A, Hagberg M. Mobile phone use and stress, sleep disturbances, and symptoms of depression among young adults - a prospective cohort study. BMC Public Health, 2011, 11(1): 66.

[8] Augner C, Hacker G W. Associations between problematic mobile phone use and psychological parameters in young adults. International Journal of Public Health, 2012, 57(2): 437-441.

[9] Beranuy M, Oberst U, Carbonell X, et al. Problematic Internet and mobile phone use and clinical symptoms in college students: the role of emotional intelligence. Computers in Human Behavior, 2009, 25(5): 1182-1187.

[10] Lepp A, Barkley J E, Karpinski A C. The relationship between cell phone use, academic performance, anxiety, and satisfaction with life in college students. Computers in Human Behavior, 2014, 31: 343-350.

[11] 黄海, 周春燕, 余莉. 大学生手机依赖与心理健康的关系. 中国学校卫生, 2013, 34(9): 1074-1076.

[12] 刘传俊, 刘照云, 朱其志, 等. 江苏省 513 名大学生短信交往行为调查. 中国心理卫生杂志, 2008, 22(5): 357-357.

[13] Hong F Y, Chiu S I, Huang D H. A model of the relationship between psychological characteristics, mobile phone addiction and use of mobile phones by Taiwanese university female students. Computers in Human Behavior, 2012, 28(6): 2152-2159.

[14] 秦亚平, 李鹤展. 大学生手机依赖与主观幸福感及社会支持相关性研究. 临床心身疾病杂志, 2012, 18(5): 465-468.

[15] 黄时华, 余丹. 广州大学生手机使用与依赖的现状调查. 卫生软科学, 2010, 24(3): 252-254.

[16] 葛续华, 祝卓宏, 王雅丽. 青少年手机依赖与依恋、社会支持的关系. 中华行为医学与脑科学杂志, 2013, 22(8): 736-738.

[17] 韦耀阳. 大学生手机依赖与孤独感的关系研究. 聊城大学学报(自然科学版), 2013, 26(1): 83-85.

[18] 刘红, 王洪礼. 大学生的手机依赖倾向与孤独感. 中国心理卫生杂志, 2012, 26(1): 66-69.

[19] 汪婷, 许颖. 青少年手机依赖和健康危险行为、情绪问题的关系. 中国青年政治学院学报, 2011, 30(5): 41-45.

[20] 王芳, 李然, 路雅, 等. 山西大学本科生手机依赖研究. 中国健康教育, 2008, 24(5): 381-381.

[21] 黄才炎, 严标宾. 大学生手机短信交往行为与孤独感的关系研究. 中国健康心理学杂志, 2006, 14(3): 255-257.

[22] LiKamWa R, Liu Y, Lane N D, et al. MoodScope: building a mood sensor from smartphone usage patterns. Proceeding of the 11th Annual International Conference on Mobile Systems, Applications, and Services, 2013: 389-402.

[23] Shepard C, Rahmati A, Tossell C, et al. LiveLab: measuring wireless networks and smartphone users in the field. Acm Sigmetrics Performance Evaluation Review, 2010, 38(3): 15-20.

[24] Ozer D J, Benet-Martínez V. Personality and the prediction of consequential outcomes. Annual Review of Psychology, 2006, 57(1): 401-421.

[25] McCrae R R, John O P. An introduction to the five-factor model and its applications. Personality: Critical Concepts in Psychology, 1998, 60: 295.

[26] Butt S, Phillips J G. Personality and self reported mobile phone use. Computers in Human Behavior, 2008, 24(2): 346-360.

[27] Ehrenberg A, Juckes S, White K M, et al. Personality and self-esteem as predictors of young people's technology use. CyberPsychology & Behavior, 2008, 11(6): 739-741.

[28] Lane W, Manner C. The impact of personality traits on smartphone ownership and use. International Journal of Business and Social Science, 2011, 2(17): 22-28.

[29] Beydokhti A, Hassanzadeh R, Mirzaian B. The relationship between five main factors of personality and addiction to SMS in high school students. Current Research Journal of Biological Sciences, 2012, 4(6): 685-689.

[30] Phillips J G, Butt S, Blaszczynski A. Personality and self-reported use of mobile phones for games. CyberPsychology & Behavior, 2006, 9(6): 753-758.

[31] Delevi R, Weisskirch R S. Personality factors as predictors of sexting. Computers in Human Behavior, 2013, 29(6): 2589-2594.

[32] Ezoe S, Toda M, Yoshimura K, et al. Relationships of personality and lifestyle with mobile phone dependence among female nursing students. Social Behavior and Personality: An International Journal, 2009, 37(2): 231-238.

[33] Takao M, Takahashi S, Kitamura M. Addictive personality and problematic mobile phone use. CyberPsychology & Behavior, 2009, 12(5): 501-507.

[34] Billieux J, Van der Linden M, Rochat L. The role of impulsivity in actual and problematic use of the mobile phone. Applied Cognitive Psychology, 2008, 22(9): 1195-1210.

[35] Arns M, Van Luijtelaar G, Sumich A, et al. Electroencephalographic, personality, and executive function measures associated with frequent mobile phone use. International Journal of Neuroscience, 2007, 117(9): 1341-1360.

[36] 刘敏. 大学生人格特质与手机短信使用情况的相关研究. 语文学刊(基础教育版), 2012(3): 134-135.

[37] 陈少华, 刘文兴, 宋立娜. 大学生人格特质与手机短信的相关研究. 湖南师范大学教育科学学报, 2005, 4(6): 82-86.

[38] 盛红勇. 大学生手机上网与坚韧人格及学业情绪影响. 淮海工学院学报(社会科学版), 2012, 10(9): 57-59.

[39] 钱正. 大学生手机使用行为研究-基于武汉大学生手机调查数据的分析. 广告大观 (理论版), 2012, 1: 009.

[40] 孙玲, 汤效禹. 大学生手机依赖行为的研究. 咸宁学院学报, 2011, 31(5): 117-118.

[41] Chittaranjan G, Blom J, Gatica-Perez D. Mining large-scale smartphone data for personality studies. Personal and Ubiquitous Computing, 2011, 17(3): 433-450.